CUBAGE

ET

ESTIMATION DES BOIS

FUTAIES — TAILLIS

ARBRES ABATTUS OU SUR PIED

NOTIONS PRATIQUES SUR

LE DÉBIT, LA VENTE ET LA FABRICATION DE TOUS LES PRODUITS
DES FORÊTS

TARIF DE CUBAGE DES BOIS EN GRUME OU ÉQUARRIS

TABLES DE CONVERSION

A l'usage

Des Propriétaires, Régisseurs, Maîtres de forges, Marchands de bois
Administrateurs de forêts, Gardes particuliers,
Gardes forestiers et Gardes ventes

PAR

A. GOURSAUD

Ancien élève de l'École impériale forestière.

DEUXIÈME ÉDITION

PARIS

J. ROTHSCHILD, ÉDITEUR

LIBRAIRE DE LA SOCIÉTÉ BOTANIQUE DE FRANCE
13, RUE SAINT-ANDRÉ-DES-ARTS, 13

1869

CUBAGE

ET

ESTIMATION DES BOIS

Sceaux. — Imprimerie de E. Dépée.

LES CONIFÈRES

TRAITÉ PRATIQUE

DES ARBRES VERTS OU RÉSINEUX

INDIGÈNES ET EXOTIQUES

PAR C. DE KIRWAN

Sous-Inspecteur des forêts.

A L'USAGE DES PROPRIÉTAIRES, AGENTS FORESTIERS
RÉGISSEURS, HORTICULTEURS, ETC.

Dédié à M. le comte de Montalembert

INTRODUCTION PAR M. LE VICOMTE DE COURVAL

2 volumes in-18 ornés de plus de 100 gravures.
Prix des deux volumes ensemble : 5 fr.

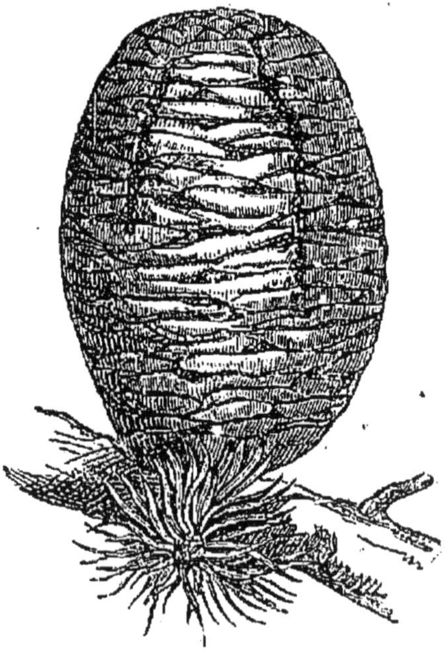

Il n'existait en France aucun traité qui s'occupât d'une manière claire, attrayante & surtout intelligible à tout le monde, des conifères, ces arbres verts si recherchés aujourd'hui.

Nous sommes donc heureux d'offrir au public un ouvrage qui comble cette lacune. La culture de ces intéressants végétaux, tant au point de vue forestier qu'au point de vue horticole & décoratif, y fait l'objet d'indications détaillées & complètes; & chaque espèce est ensuite décrite en un style qui allie l'élégance à la précision, & sait dissimuler sous les grâces d'une agreste poésie l'aridité naturelle à la science & la monotonie des classifications.

L'AMÉNAGEMENT DES FORÊTS

TRAITÉ PRATIQUE

DE LA CONDUITE DES EXPLOITATIONS DE FORÊTS EN TAILLIS ET EN FUTAIE

à l'usage

Des Propriétaires, Régisseurs, Gardes particuliers, Administrateurs de Forêts, Gardes forestiers, etc.

PAR

ALFRED PUTON

Sous-Inspecteur des forêts, ancien Elève de l'École impériale forestière.

Ouvrage honoré d'une Médaille d'or par la Société d'émulation du département des Vosges

Illustré de gravures sur bois.

Un volume in-18° de 170 pages. Prix relié, 1 fr. 50 c.

Les principes qui servent à diriger l'exploitation des terres à bois sont restés jusqu'alors confinés dans quelques livres destinés à l'enseignement d'une école spéciale. Le public est complétement étranger aux plus simples notions de l'économie forestière, et, parmi les propriétaires de bois, il en est fort peu qui connaissent l'utilité d'un aménagement et la manière de combiner les coupes pour atteindre le but qu'ils se proposent.

Expliquer aux gardes et aux régisseurs de bois *ce que c'est qu'un aménagement*, donner aux propriétaires le détail des différents plans d'exploitations en taillis et en futaies, les moyens de conversion les plus usités et les bases d'une comptabilité forestière, tel est le but de cet ouvrage qui recevra du public forestier, comme nous l'espérons de accueil aussi favorable que nos autres publications de sylviculture.

AVANT-PROPOS

Je n'ai pas écrit ce Manuel pour les personnes qui savent, mais pour celles qui veulent apprendre.

Je m'adresse aux préposés forestiers, aux marchands de bois, à quelques propriétaires, auxquels les notions de cubage sont nécessaires.

Il n'y a rien de bien neuf dans ces quelques pages, résumé d'un cours fait à des préposés, sur des notes cueillies un peu partout.

On me reprochera de m'être trop étendu sur certains sujets, pas assez sur d'autres, et en général de n'avoir peut-être pas assez approfondi.

Sans aucun doute je laisse beaucoup de prise
à la critique, mais je croirai avoir rempli la
modeste tâche que je me suis imposée, si je
puis être utile à quelques-uns, et surtout à
cette partie intéressante du personnel forestier,
qui, vivant chaque jour au milieu des forêts,
ignore souvent les premiers principes de cubage,
pour se guider dans l'estimation des bois,

CUBAGE

ET

ESTIMATION DES BOIS

PREMIÈRE PARTIE

CUBAGES

CHAPITRE PREMIER

INSTRUMENTS DESTINÉS A LA MESURE DES ARBRES

I

Ruban gradué, chaîne.

Un ruban gradué se compose d'une boîte cylindrique dans laquelle s'enroule autour d'un axe un ruban en fil, rendu imperméable au moyen d'une préparation, sa longueur varie, mais généralement elle est de 10 mètres, ce qui lui a fait donner le nom de décamètre, sous lequel on le désigne le plus souvent. Il est divisé en mètres, décimètres et centimètres sur chaque face ; le premier décimètre est, en outre, divisé en millimètres. Une manivelle à charnière permet d'enrouler le ruban autour de l'axe intérieur, et un petit anneau de cuivre attaché à son extrémité l'empêche de rentrer complétement dans la boite.

Ces rubans sont soumis à un retrait parfois assez considérable, et peuvent donner des indications fausses. Aussi quelques marchands de bois, afin d'éviter cet inconvénient, se servent d'une corde bien tressée, peu susceptible d'allongement, et portent la circonférence ainsi mesurée sur une règle graduée.

Les préposés forestiers possèdent des chaines à chainons en fil de fer, ayant 1ᵐ 50 de longueur, et divisées en décimètres et centimètres.

II

Compas forestier, ses graduations.

On se sert plus communément encore du compas forestier, vulgairement dit basiringue, à l'aide duquel on mesure les diamètres des arbres.

Il se compose d'une règle graduée, portant deux autres règles à angle droit, celle de l'extrémité fixe, l'autre mobile sur la règle. On place horizontalement cet instrument de manière à embrasser entre les ‹deux règles parallèles,- le corps de l'arbre à la hauteur où l'on veut le mesurer. La règle mobile indique sur celle qui est graduée le diamètre cherché.

Le zéro de la division est donc placé sur l'arête intérieure de la règle fixe, et la graduation de centimètres en centimètres est établie à partir de ce point.

On se sert du compas forestier avec une grande facilité; il suffit de le tenir bien horizontalement, et le placer de manière à ne prendre l'arbre, ni sur le grand diamètre, ni sur le petit; prendre en un mot le diamètre moyen. La règle graduée donne exactement en décimètres et centimètres la mesure de ce diamètre.

Il est donc facile d'apprécier, à un centimètre près, chaque diamètre des arbres dont on veut trouver le volume. Mais, dans une opération où la série depuis 20 centimètres jusqu'à 1^{m}50 serait complète, on devrait avoir sur son calepin 130 colonnes correspondant à ces 130 divisions. Tous les inconvénients d'une semblable manière d'opérer sont faciles à saisir, et pour y remédier on se contente, assez généralement, de prendre les diamètres de cinq en cinq centimètres, à partir de vingt; ce qui réduit beaucoup le nombre des colonnes du calepin. On évite ainsi les causes d'erreur provenant de la multiplicité des divisions, et l'approximation est bien suffisante.

Par suite de la graduation adoptée on est obligé de faire appeler le chiffre multiple de cinq, immédiatement inférieur à la mesure exacte donnée par la règle mobile. L'on met ainsi une erreur en moins, qui, se répétant à chaque fois et toujours dans le même sens, donne lieu sûr un grand nombre d'arbres à une différence très-sensible. Il est facile d'éviter cet inconvénient en graduant de la manière suivante le compas forestier .

La suite des centimètres, à partir de 17, montre que 20 est la moyenne entre 17,50 et 22,50; 25 la moyenne entre 22,50 et 27,50 et ainsi de suite.

17		37.		57	
18		38		58	
19		39		59	
20	20	40	40	60	60
21		41		61	
22		42		62	
23		43		63	
24		44		64	
25	25	45	45	65	65
26		46		66	
27		47		67	
28		48		68	
29		49		69	
30	30	50	50	70	70
31		51		71	
32		52		72	
33		53		73	
34		54		74	
35	35	55	55	75	75
36		56		76	
37		57		77	
				78	
				79	
				80	80
				81	
				82	

Si à 17,50 du zéro je place le chiffre 20, à 22,50 le chiffre 25 et ainsi de suite, je lirai sur la règle graduée le numéro au-dessous de la règle mobile, et j'obtiendrai ainsi une donnée moyenne. On commet à chaque fois une erreur, mais elle n'est pas toujours dans le même sens, tantôt en plus, tantôt en moins. Car en désignant par 20 deux diamètres compris tous les deux entre 17,50 et 22,50, l'un étant de 18, l'autre peut être de 22. Ces deux erreurs se compensent.

L'on comprend que, sur un grand nombre d'arbres de toute dimensions, ces erreurs se répartissent dans les deux sens, et tendent ainsi à s'atténuer.

Ce que je viens de dire du déplacement du chiffre 20 s'applique aussi bien au chiffre 25 qu'aux suivants, d'où je conclus qu'en plaçant les numéros 20,25,30,35,40,45, etc., aux distances 17,5, 22,5, 27,5, 32,5, 37,5, 42,5, etc., du zéro, j'aurai un compas forestier, donnant à première lecture la moyenne cherchée.

Il y aura lieu de se servir de l'instrument ainsi gradué dans les estimations générales; mais dans un cubage spécial, où l'on tiendrait à avoir les diamètres approchés de deux en deux centimètres, ou même les diamètres exacts; on se servira de la face graduée d'après la première manière. De là nécessité d'avoir les deux graduations, et de préférence, l'une d'un côté, et l'autre de l'autre de la règle.

Le ruban, comme nous l'avons dit, est sujet à un retrait qui va quelquefois au delà d'un centimètre par mètre. Un homme seul a beaucoup de peine pour le placer horizontalement, surtout sur les gros arbres ; ce qui est une nouvelle cause d'erreur. Enfin, comme il est tendu sur le tronc, il est relevé par les contours des renflements des tiges, et donne par suite des circonférences trop grandes.

On peut assimiler le contour de la section ainsi mesurée à un polygone circonscrit, et il eût été, ce me semble, plus rationnel de déterminer le polygone inscrit.

Par ces trois raisons on ajoute à la mesure exacte de l'arbre, et les erreurs se reproduisent dans le même sens. L'expérience le démontre parfaitement, et dans des études faites avec soin, on trouve sur un certain nombre d'arbres la donnée pratique obtenue ainsi, supérieure à celle calculée sur les diamètres.

Le compas forestier permet de choisir le diamètre le plus rationnel, ou bien encore, la moyenne du plus petit et du plus grand. Le défaut d'horizontalité de l'instrument n'offre pas dans la pratique une cause d'erreur bien sensible. Dans tous les cas, il est toujours facile à l'opérateur d'apporter un peu de soin et d'attention, de manière à éviter cet inconvénient.

On devra donc préférer le compas forestier au ruban gradué, et prendre les diamètres plutôt que les circonférences. On y gagnera non-seulement en exactitude, mais aussi en rapidité; immense avantage dans les opérations de balivage des taillis sous futaie surtout.

Les agents font suivre généralement dans ces opérations (consistant non-seulement dans le choix et la marque des réserves, mais aussi dans le cubage et l'estimation des arbres abandonnés à l'exploitation) les gardes porteurs des marteaux, par ceux munis des compas. Ces derniers concourent au choix si important de la réserve, et mesurent les arbres livrés à la hache. On opère ainsi avec ensemble et mesure, il n'y a aucune confusion. Il n'en serait pas ainsi si les circonférences étaient prises au moyen du ruban.

III

Mesures des diamètres par décroissement.

Le compas forestier sert à mesurer les diamètres à hauteur d'homme, mais plus haut il est d'un maniement impossible. Dans ce cas le moyen qui paraît le plus simple est de déduire d'un certain nombre d'expériences la quantité dont le diamètre décroît par mètre de hauteur.

Si dans ce but sur un certain nombre d'arbres on mesure les diamètres de 2 en 2 mètres par exemple, on remarque souvent que leur différence suit une loi assez régulière, autrement que leur décroissement se soutient. Connaissant cette loi et le diamètre à $1^m 33$ du sol, hauteur à laquelle on est dans l'habitude de les mesurer, on déterminerait le diamètre à une hauteur quelconque. Mais même dans un massif assez réduit, les petits arbres ne sauraient décroître comme les gros, il y aurait donc lieu de déterminer la loi par chaque catégorie de grosseur. On établirait ainsi à l'avance des moyennes, applicables aux cas particuliers dans lesquels il y aurait lieu d'opérer.

IV

Mesures des circonférences par des tables d'expérience.

Le procédé suivant nous paraît plus simple et surtout plus praticable.

A la suite de nombreuses expériences on a déterminé les circonférences au milieu, ainsi que les hauteurs qui correspondent aux diamètres mesurés à 1ᵐ 33 du sol. En consignant sur un tableau tous ces résultats, on possédera une table d'expériences très-utile dans les massifs au milieu desquels on aura opéré. On distinguera avec soin, dans la composition de ces tables, les arbres ayant un cône terminal élancé, de ceux qui sont écimés. On pourra même former sur ces distinctions des tables séparées, dont l'application sera toujours commode et facile.

Si un agent procède sur des massifs considérables, le parcellaire établi sera un guide assuré sur la manière dont elles doivent être composées et appliquées.

V

Mesures des hauteurs.

Les hauteurs des arbres abattus se mesurent à la chaine métrique, ou au ruban gradué. La plupart des marchands de bois préfèrent un compas en bois à pointes de fer, ayant un mètre ou un mètre cinquante d'ouverture, qu'ils portent en suivant la pièce à mesurer.

Les hauteurs des arbres sur pied peuvent être prises directement, au moyen d'un cordeau divisé en mètres à partir d'une de ses extrémités, l'autre étant munie d'un plomb pour le faire descendre verticalement, et le maintenir tendu.

On fait monter au sommet de l'arbre à mesurer, un homme muni de cette corde, qu'il laisse dérouler en tenant l'origine au sommet. Il est facile d'apprécier ainsi la hauteur du bois d'œuvre, et donner la mesure exacte de la longueur de la flèche, au-dessus de la partie où s'arrête le bois d'œuvre.

Il existe des instruments, connus sous le nom de dendromètres, qui sont destinés à la mesure des hauteurs des bois sur pied.

VI

Planchette ordinaire.

La planchette est un des plus communs et aussi des plus faciles à construire et à manier.

Soit une planche taillée en rectangle dont les côtés sont bien droits. En un point près de l'arête supérieure est suspendu un fil à plomb. Une graduation en centimètres et millimètres sur une ligne parallèle à un des grands côtés, et distante du centre de suspension du fil de dix centimètres. La graduation est double et part de chaque côté d'un zéro placé sur une ligne passant par le centre de suspension et perpendiculaire à la ligne graduée.

Si l'opérateur se place de manière à apercevoir la cime et le pied de l'arbre d'expérience, en visant d'abord le sommet suivant l'arête supérieure de la planchette, il obtient deux triangles semblables, formés par la verticale passant par le sommet de l'arbre, le rayon visuel, et une horizontale partant de l'œil de l'observateur, ou du coin de la planchette, et aboutissant à la tige ; puis par le fil à plomb, la ligne graduée sur la planchette et la ligne perpendiculaire à celle-ci passant par le centre de suspension.

Si l'on désigne par h la hauteur partielle de l'arbre, d la distance horizontale de l'œil à la verticale passant par la cime, n le nombre de divisions comptées sur la graduation du zéro au fil à plomb, on obtient la proportion $\frac{h}{d} = \frac{n}{0,10}$, d'où $h = \frac{n\,d}{0,10}$.

En se plaçant à 10 mètres le nombre exprimant la hauteur est donc 100 n, cent fois plus grande que la longueur donnée par le fil à plomb sur la ligne graduée. Par suite les centimètres de cette graduation correspondront aux mètres de la hauteur et les millimètres aux décimètres.

Si l'opérateur se transportait à 20 mètres il suffirait de multiplier la hauteur ainsi exprimée par le nombre 2 ; à 30 mètres par le nombre 3 et ainsi de suite. Il est possible de se mettre à une distance quelconque; mais il est indispensable de faire une multiplication.

La partie de la hauteur comprise entre le pied de l'arbre et la ligne horizontale passant par l'œil, se mesurera par le moyen inverse, et la graduation en avant du zéro servira dans cette nouvelle opération. On obtiendra ainsi deux hauteurs partielles, dont la somme fait la hauteur totale de l'arbre.

Il peut arriver qu'au lieu d'additionner ces deux longueurs partielles, on soit obligé de les retrancher l'une de l'autre. Ce cas se présentera quand l'œil de l'observateur sera au-dessous d'une horizontale passant par le pied de l'arbre.

VII

Planchette à perpendicule.

On a modifié la planchette que nous venons de décrire, en supprimant le fil à plomb, et transportant sur un arc de cercle la graduation de la règle.

Voici le principe de l'instrument

Un perpendicule, analogue aux alidades des instruments employés pour la mesure des angles, tourne librement autour d'un point fixe, qui sert de centre à un arc de cercle, de dix centimètres de rayon.

Si l'on mène parallèlement aux grands côtés du rectangle formant la planchette, une ligne tangente à cet arc, divisée en centimètres et millimètres à partir d'un point placé sur une perpendiculaire à cette ligne, et passant par le centre du cercle. Si on suppose des droites joignant ce centre à tous les points de division de la tangente, les points de rencontre avec l'arc de cercle pourront remplacer avantageusement la graduation de la tangente, en ayant soin de transporter à chacun des points de rencontre les numéros correspondants de la ligne graduée. Puis, quand l'instrument est tenu de manière que la ligne divisée parallèle à la tangente soit horizontale, l'on marque sur le perpendicule, qui prend alors la position verticale, le point correspondant au zéro de la graduation. L'on obtiendra ainsi les mêmes indications qu'avec la planchette, si l'instrument est bien conditionné, il sera d'un maniement plus commode, et pourra donner une plus grande approximation dans l'appréciation des hauteurs, surtout si le perpendicule est muni d'un vernier

Il existe plusieurs instruments de ce genre, mais le plus connu et le plus perfectionné est celui de M. Bouvart.

Avec cet instrument, comme avec la planchette ordinaire, on peut se placer à une distance quelconque. L'opérateur multipliera le nombre trouvé sur la graduation par la distance horizontale, et obtiendra ainsi la hauteur, les centimètres exprimant les mètres de hauteur et les millimètres les décimètres.

On a cherché à mesurer avec des instruments analogues les diamètres des arbres à une certaine hauteur, mais les résultats obtenus jusqu'ici ont été assez peu satisfaisants.

Enfin quelques praticiens ont voulu obtenir à prémière vue le volume des arbres sur pied en se servant d'un miroir divisé en carrés. L'image de l'objet à mesurer étant projetée sur le miroir tenu verticalement à une distance donnée, on lirait sur la surface divisée le volume donné par le nombre des carrés exprimant des solives.

Cet instrument ne peut fournir que des résultats approximatifs, souvent très-éloignés du volume vrai ; il est assez peu probable qu'il se vulgarise. Mais on s'explique bien facilement son emploi pour la mesure des hauteurs, c'est à ce point de vue que nous avons cru devoir en parler.

CHAPITRE II

DIVERS PROCÉDÉS DE CUBAGE USITÉS.

I

Cubage des arbres comme volumes géométriques.

On peut comparer un tronc d'arbre à un cône, à un tronc de cône, ou à un cylindre.

Désignant par H la hauteur de la pièce, par D le diamètre de la circonférence de la base et par D' celui de la circonférence au petit bout, on trouve pour la valeur théorique de ces divers volumes :

(1) Volume conique égal à $0,2618 \times H \times D^2$

Volume tronconique égal à $0,2618 \times H$ $(\overline{D}^2 + \overline{D}'^2 + DD')$.

Volume cylindrique égal à $0,7854 \times H \times D^2$.

Si l'on voulait se servir des circonférences mesurées aux deux bouts, désignées par C et C', ces volumes deviendraient :

Volume conique égal à $0,0265 \times H \times C^2$

Volume tronc conique égal à $0,0265 \times H$ $(C^2 + C'^2 + CC')$.

Volume cylindrique égal à $0,0796 \times H \times C^2$.

Si nous comparons le volume donné par la circonférence moyenne, à celui déterminé par la formule du tronc du cône, l'expression générale de la différence est :

(1) Les formules algébriques exprimant ces volumes sont :

Volume conique, avec les diamètres $\frac{\pi}{12} D^2 . H$, avec les circonférences $\frac{1}{12.\pi} C^2 H$.

Volume tronconique, avec les diamètres $\frac{\pi}{12} H (D^2 + D'^2 + DD')$, avec les circonférences $\frac{1}{12.\pi} H (C^2 + C'^2 + CC')$.

Volume cylindrique, avec les diamètres $\frac{\pi}{4} . D^2 . H$, avec les circonférences $\frac{1}{4\pi} . C^2 H$.

$$\text{Vol. T. C.} - \text{Vol. cyl.} = \frac{\pi}{12} (D^2 + D'^2 + DD') H$$

$$- \frac{\pi}{4} \left(\frac{D + D'}{2}\right)^2 H, \text{ ou } \frac{\pi}{12} \left(\frac{D - D'}{2}\right)^2 H.$$

Un cône dont le diamètre est la moitié de la différence des diamètres, et qui a même hauteur.

Le volume théorique d'un arbre mesuré comme tronc de cône est donc plus considérable que le volume cylindrique obtenu par la moyenne des diamètres extrêmes.

Si on suppose le diamètre au petit bout nul, l'arbre est cubé comme cône, et l'expression de son volume est $\frac{\pi}{12} D^2 H$ que nous avons déterminé, et qui est le tiers du cylindre ayant même diamètre et même hauteur. Mais si le volume théorique du tronc de cône est plus considérable que celui du cylindre obtenu au moyen de la circonférence au milieu, le volume pratique est inférieur, comme nous le verrons plus loin, au moins dans les expériences faites sur des sapins.

II

Cubages en grume. — Méthodes pratiques.

Dans la pratique on cube assez généralement les bois comme cylindre, et la circonférence employée

est celle du milieu, ou une moyenne entre les circonférences extrèmes.

Si on désigne par C et C' les circonférences extrêmes, le volume cylindrique serait donc, d'après ce que

nous venons de voir : $0,0796 \times H \left(\frac{C+C'}{4}\right)^2$.

La circonférence au milieu de l'arbre étant donnée, nous cuberons de la même manière, et si nous
désignons par C cette circonférence, le volume est
$0,0796 \times H \times C^2$.

Dans le commerce on se sert le plus souvent de ce
procédé, l'usage l'a consacré par des raisons faciles
à concevoir, et nous avons lieu de croire que c'est un
des plus rationnels, donnant des résultats très-rap-
prochés de la réalité.

III

Cubage au 1/4 sans déduction, au 1/6 et au 1/5 déduits.

Nous n'avons parlé jusqu'ici que du cubage des
arbres sans défalcation aucune, soit de l'écorce, soit
de l'aubier, ou même des parties enlevées dans l'opération de l'équarrissage. Chacun sait que les bois
sont employés, dans la plus grande partie des pièces
de charpente, sous la forme d'un prisme quadrangu-
laire ou rectangulaire.

Le mode de cubage sous la forme de bois ronds se nomme le cubage en grume.

Pour tenir compte des déductions qu'il y a lieu de faire pour obtenir des pièces équarries, on emploie différents procédés connus sous le nom de cubage au 1/4 sans déduction, au 1/5 et au 1/6 déduits.

Cubage au 1-4 sans déduction. — Ayant la circonférence d'un arbre au milieu, on en prend le quart que l'on multiplie par lui-même, et le résultat par la hauteur de l'arbre. On l'assimile ainsi à une pièce de bois, dont la section est un carré ayant pour côté le quart de la circonférence. Si nous désignons par C la circonférence, par H la hauteur, la formule générale est $1/4\,C \times 1/4\,C \times H$ ou $1/16\,C^2H$, et en fonction du diamètre, $\dfrac{\pi^2}{16}\,D^2H$, ou $0{,}6168 \times D^2H$.

Exemple : Un arbre dont la circonférence au milieu est de 1^m 60^c, la hauteur de 10^m, aurait un volume de 0^m 40 $\times$ 0^m 40 $\times$ 10^m, ou 1$^{m.\,c}$ 600

Le volume en grume eût été $(1{,}60)^2 \times 0{,}0796 \times 10$, ou 2$^{m.\,c}$ 038.

Cubage au 1/6 déduit. — Pour cuber au 1/6 déduit, il suffit de retrancher de la circonférence le 1/6 de sa valeur, prendre le 1/4 du reste, l'élever au quarré et multiplier par la hauteur.

Ainsi la formule serait :

$$\left(\dfrac{c - \dfrac{c}{6}}{4}\right) \times H, \text{ ou } \left(\dfrac{5\,c}{6 \times 4}\right)^2 \times H \text{ et en fonction du dia-}$$

mètre $\dfrac{25 . \pi 2}{36 \times 16} . D^2 . H$, ou $0,4284 \times D^2 . H$.

On compare ainsi l'arbre à cuber à une pièce équarrie, dont le côté d'équarrissage est les $\dfrac{5}{24}$ de la circonférence, soit un peu plus du 1/5.

Exemple : Le volume d'un arbre ayant 1^m 60 de circonférence au milieu, et 10^m de hauteur serait

$$\left(\dfrac{1.60 \times 5}{24}\right)^2 \times 10^m, \text{ soit } 1^{m} . 111.$$

Cubage au 1/5 déduit. — Si l'on prend le 1/5 de la circonférence au milieu, qu'on le retranche de la valeur de cette circonférence, puis prenant le 1/4 de ce reste, l'élevant au carré, et multipliant ce produit par la hauteur, on obtient ainsi le volume au 1/5 déduit. C et H désignant la circonférence et la hauteur,

la formule est : $\left(\dfrac{c - \dfrac{c}{5}}{4}\right)^2 \times H, \text{ou} \left(\dfrac{c}{5}\right)^2 \times H$, et par

rapport au diamètre, $\dfrac{\pi^2}{25} D^2 . H$, ou $0,3948 . D^2 H$.

L'arbre est assimilé par ce procédé à une pièce équarrie, dont la section d'équarrissage est un carré ayant pour côté le 1/5 de la circonférence du milieu.

Exemple : Un arbre ayant une circonférence de

1ᵐ 60 au milieu et 10ᵐ de hauteur, aurait un volume de $\left(\frac{1.60}{5}\right)^2 \times 10$, soit : 1ᵐ·ᶜ 024.

IV

Comparaison de ces divers volumes.

Si nous prenons ces divers volumes d'un même arbre, en choisissant pour terme de comparaison le volume en grume, ce dernier étant de 2ᵐ·ᶜ 037, et les autres successivement, 1ᵐ·ᶜ 600, 1ᵐ·ᶜ 024, 1ᵐ·ᶜ 111, les rapports seraient : $\frac{2\,037}{1.600}$, $\frac{2.037}{1.024}$, $\frac{2.037}{1.111}$, qu 1.273, 1.989, 1.833.

Ces rapports se nomment les facteurs de conversion pour passer des volumes au 1/4, au 1/5 et au 1/6, au volume en grume.

Si l'on veut obtenir le volume en grume d'une pièce, connaissant un de ces volumes, il suffira de multiplier sa valeur connue par le facteur correspondant.

Réciproquement on peut déterminer les rapports des volumes au 1/4, au 1/5 et au 1/6, au volume en grume, qui seront : $\frac{1.600}{2.037}$, $\frac{1.024}{2.037}$, $\frac{1.111}{2\,037}$, soit 0.785, 0.503, 0.545. Ces facteurs serviront à passer du volume en grume à ces volumes divers.

Ils sont, comme on le voit, les facteurs inverses de ceux déterminés plus haut, et auraient pu être obtenus directement ainsi : $\dfrac{1}{1{,}273}$, $\dfrac{1}{1{.}989}$, $\dfrac{1}{1{.}833}$,

Voir à la suite les tables de conversion :

Le volume au 1/4 n'a que 78,5 p. % du volume en grume.

Le volume au 1/6 n'a que 54,5 p. % du même volume.

Le volume au 1/5 n'a que 50,3 p. % du même volume.

Le second est donc l'intermédiaire entre le premier et le dernier, plus rapproché du volume au 1/5, qui est à peu près la moitié du volume en grume.

Dans la pratique on se sert de tables de cubage donnant ces divers volumes, et calculées comme nous venons de le faire.

Celles qui sont à la suite nous ont paru commodes, surtout dans les cubages importants et nombreux.

V

Autre modé particulier de cubage.

Nous n'avons parlé que des modes de cubages le plus généralement usités, cependant nous devons dire quelques mots de procédés particuliers complétement différents, que l'on applique à la détermination des volumes dans les sapinières de quelques localités.

On distingue les arbres ayant un mètre de tour de ceux au-dessus ; pour les premiers on déduit, pour tenir compte de l'écorce, un pouce par pied de la circonférence, et pour les seconds deux pouces. Ce qui revient à déduire dans le premier cas $\frac{1}{12}$ de la circonférence, et dans le second $\frac{2}{12}$ ou 1/6.

On cube, en se servant du reste comme de l'expression de la circonférence vraie, au 1/4 sans déduction.

1er *Cas.* — Le volume est donc $\left(\dfrac{c-\dfrac{c}{12}}{4}\right)^2 \times H$, ou $\left(\dfrac{11 \times c}{12 \times 4}\right)^2 \times H$, plus petit que celui au 1/4 sans déduction, plus grand que celui au 1/6 déduit, qui est de $\left(\dfrac{5\,c}{6 \times 4}\right)^2 \times H$, ou $\left(\dfrac{10 \times c}{12 \times 4}\right)^2 \times H$.

2me *Cas.* — On déduit les $\frac{2}{12}$ de la circonférence ou le 1/6, par suite c'est le mode de cubage au 1/6 déduit que l'on emploie.

Ce procédé pratique est employé pour tenir lieu du volume de l'écorce, car si les bois sont écorcés, on cube directement au 1/4 sans déduction, en prenant la circonférence au milieu

Ces différentes manières de cuber qui varient suivant telle ou telle localité, et surtout selon la nature ou l'usage auquel le bois est destiné, sont consacrées par l'habitude.

Les déductions qui résultent de leur application à un arbre donné, représentent le volume des débris qui tombent par l'équarrissage. On comprend, en effet, que le marchand tienne compte seulement du volume propre au service, d'autant mieux que presque partout les copeaux représentent à peine la valeur de la main-d'œuvre, dans le travail de l'ouvrier. Il ne faut pas croire que ces règles sont absolues, et que si on estime dans une localité le chêne au 1/5 ou au 1/6 déduits, on réduit les pièces de bois, au point de ne laisser que 50 ou 54 p. % du volume en grume.

Assez généralement, le cubage au 1/4 est employé pour le sapin, et au 1/5 et au 1/6 déduits pour le chêne.

Dans les procès-verbaux d'estimation, il est prescrit de placer à côté des volumes au 1/4, au 1/5 ou au 1/6, le volume en grume, en ayant soin de les distinguer pour éviter toute méprise.

CHAPITRE III

DÉTERMINATION DES VOLUMES RÉELS:

I

Volume réel de la tige.

Nous avons cubé jusqu'ici la tige en l'assimilant à un cône, à un tronc de cône, à un cylindre, ou à une pièce équarrie.

Mais on n'obtient pas ainsi le volume vrai de l'arbre, et pour y arriver voici comment on peut opérer:

On décompose un arbre abattu en billons de deux mètres de longueur, que l'on cube séparément au moyen de la circonférence au milieu de chacun d'eux.

La pointe ou cône terminal de l'arbre est cubée séparément, en l'assimilant à un cône régulier. La somme de ces volumes divers sera l'expression du volume vrai de l'arbre, qui eût été plus approché si la décomposition avait eu lieu par billons d'un mètre de longueur. Celle par deux en deux mètres paraît bien suffisante.

Exemple. Soit un arbre, dont la partie de la tige propre au bois de service ait été décomposée en 12 billons de deux mètres de longueur, et dont les diamètres au milieu sont : 0,44, 0,42, 0,39, 0,38, 0,36, 0,33, 0,30, 0,28, 0,26, 0,23, 0,19, 0,15.

Volumes correspondants : 0ᵐ·ᶜ 304, 0,277, 0,239, 0,227, 0,203, 0,171, 0,141, 0,123, 0,100, 0,083, 0,057, 0,035. Le volume réel serait 1ᵐ·ᶜ 966.

Cet arbre a 0ᵐ 33 de diamètre au milieu et 24ᵐ de longueur, son cube comme cylindre est de 2ᵐ·ᶜ 053.

Le rapport de ce dernier volume au premier est de $\frac{2.053}{1.966}$ ou 1.04, c'est le facteur de conversion pour passer du volume réel de la tige au volume en grume. Le rapport inverse donnerait le facteur de conversion pour passer du volume en grume au volume réel.

Ces facteurs varient non-seulement suivant les essences, mais dans une même forêt, suivant les hauteurs, le diamètre, et toutes les circonstances influant sur les variations de végétation, de croissance, etc. Par suite, pour obtenir le volume réel d'un massif, il y aura lieu de chercher par de nombreuses expériences, à déterminer pour chaque classe de grosseur, et sur chaque parcelle, les valeurs de ces divers facteurs, et les appliquer aux catégories qu'ils concernent. Il faudra bien se garder de croire qu'il peut exister un facteur unique et moyen, s'appliquant à tous les arbres d'une forêt indistinctement. Pour peu qu'on y réfléchisse, on en voit l'impossibilité matérielle.

II

Tronc, cime et branches.

Suivant les besoins du commerce, on extrait des arbres tous les bois propres au service.

Quelquefois on équarrit en forêt, mais si les scieries ne sont pas trop éloignées, on y conduit toute la partie de la tige destinée au service; la cime et les branches n'étant employées généralement que comme bois de feu.

Il y a donc lieu de distinguer le tronc, la cime ou cône terminal et les branchages. Ces trois produits seront cubés séparément, le volume du tronc indiquant la quantité du bois de service, et la somme des deux autres, la partie propre au chauffage. La somme des volumes du tronc et de la cime sera l'expression du volume de la tige, qui, ajouté avec celui des branchages, donnera le cube total de l'arbre.

Si l'on choisit comme arbre d'expérience l'exemple que nous avons cité plus haut, ayant estimé séparément au moyen de la circonférence de sa base et de la hauteur le volume du cône terminal, qui est de 0^m. ^{c} 0,1973. Le volume des branchages a été cubé par un procédé que nous indiquerons plus loin, et trouvé égal à 0^m. ^{c} 099. Le tronc a fourni un cube de

1$^{m.c}$ 966. Les rapports de ces divers volumes au volume du tronc sont :

$$\frac{0.01973}{1.966} = \frac{1}{100}, \text{ et } \frac{0.099}{1.966} = \frac{1}{20}.$$

Ainsi les facteurs de conversion pour passer du volume du tronc à celui du cône terminal est $\frac{1}{100}$, ou ce dernier est la centième partie du premier. Le facteur pour passer du volume réel du tronc au volume des branches est de $\frac{1}{20}$, ou bien le volume des branches est la vingtième partie de celui du tronc.

Il est facile de déterminer de la même manière le rapport du bois de feu au volume total de la tige, tronc et cime compris.

Dans les estimations rigoureuses qu'entraine un aménagement, on rapporte tous les volumes au mètre cube pris pour unité de mesure. Il est par suite indispensable de déterminer le volume réel des branches.

Le procédé assez généralement employé, et qui donne de bons résultats, est le cubage par immersion dans l'eau, ou méthode hydrostatique. On fait mettre en fagots de longueurs et de circonférences déterminées, le branchage d'un arbre d'expérience; on introduit séparément chacun d'eux dans un bassin plein d'eau, après les avoir pesés avec soin. Une nouvelle pesée faite lorsqu'ils sont complétement immergés

fait connaître la perte de poids. Il est admis en phy-
sique, qu'un corps plongé dans l'eau perd un poids
égal à celui du volume d'eau déplacé. Or nous avons
déterminé cette perte, dont chaque kilogramme cor-
respondra à chaque litre ou décimètre cube du volume du corps.

Ainsi, pour l'arbre choisi plus haut comme expérience, le poids total dans l'air étant de 330 kilogrammes, le poids dans l'eau de 231 kilogrammes, la
perte est donc de (330^k — 231^k) ou 99 kil. Le litre d'eau
pèse un kilogramme et équivaut à un décimètre cube,
d'où 99 kilogrammes correspondront à 0^m.^{c} 099.

On peut aussi apprécier directement le volume des
fagots, au moyen de l'eau déplacée.

Si on suppose un bassin servant à l'expérience,
dans lequel on tient compte de la position des ni-
veaux, avant et pendant l'immersion, l'on cubera directement le volume d'eau déplacée ou indirecte-
ment en réduisant l'eau à son niveau inférieur et
jaugeant le volume ou excès avec un vase de capacité connue.

III

Cépées de taillis.

Nous n'avons parlé jusqu'ici que du cubage des

arbres proprement dits; mais il y a lieu de savoir cuber les cépées de taillis, et tous les produits dés forêts.

Dans ce but on distinguera avec soin la partie composant le fagotage, dont on déterminera le volume par les procédés indiqués plus haut. Les brins de taillis seront mesurés directement et cubés comme cylindre, de mètre en mètre, en se servant des circonférences au milieu, comme il a été fait pour la mesure du volume réel de la tige des arbres.

Nous n'indiquerons ici que les cubages d'une exactitude rigoureuse, plus loin il sera parlé des procédés pratiques usités.

IV

Tableau pour la comparaison des volumes pratiques réels, cylindrique et tronconique.

Le tableau suivant a été obtenu à la suite d'expériences faites sur des sapins, pour établir la comparaison entre le volume réel de la tige, et ce même volume calculé comme cylindre et tronc de cône.

Expériences faites dans la sapinière de Meyriat.

Diamètre à 1m33 du sol.	Diamètre au milieu.	Diamètre à la base obtenu par décroissance.	Hauteur du bois d'œuvre.	Volume des tiges, jusqu'à 0m11 de diamètre au petit bout.		
				Réel obtenu par décomposition en billons de 2m de long.	Cylindrique avec le diamètre au milieu.	Tronconique par la moyenne des trois diamètres.
0,229	0,178	0,238	16	0,404	0,399	0,383
0,267	0,229	0,272	22	0,808	0,907	0,719
0,286	0,239	0,294	15	0,634	0,672	0,544
0,293	0,223	0,308	16	0,612	0,624	0,588
0,312	0,261	0,318	24	1,457	1,284	1,048
0,318	0,242	0,329	21	0,919	0,965	0,927
0,344	0,261	0,353	25	1,277	1,387	1,269
0,369	0,293	0,379	23	1,414	1,549	1,307
0,382	0,280	0,397	22	1,414	1,355	1,265
0,401	0,331	0,408	27	2,095	2,323	1,781
0,414	0,312	0,422	28	2,088	2,140	1,867
0,433	0,331	0,445	24	1,906	2,065	1,772
0,490	0,331	0,519	26	2,374	2,237	2,235
0,511	0,401	0,523	30	3,732	3,790	2,077
0,630	0,439	0,654	25	3,942	3,789	3,549
Totaux.				24,776	25,436	22,171

Dans toutes ces expériences le diamètre au sommet de la tige propre au bois d'œuvre est de 0m· 11c· Si nous calculons le facteur de décroissement de la moitié inférieure, et celui de la moitié supérieure, nous voyons une grande différence avec le facteur obtenu

au moyen des deux diamètres extrêmes. La moyenne
des deux facteurs obtenus dans le premier cas est
bien inférieure à la donnée du second. Ainsi, si nous
prenons le numéro 13, la moyenne des facteurs est
de 0^m 015, et par les deux diamètres extrêmes, de
0^m 024. On peut s'assurer qu'il en est de même pour
tous les autres arbres d'expérience.

D'où l'on peut conclure, que la tige n'est pas assi-
milable à un cône, mais semble avoir subi un renfle-
ment vers le milieu, de manière à pouvoir être com-
paré à un cylindre sur sa plus grande longueur, et
à un cône dans la flèche. Les données physiologiques
corroborent cette conclusion.

Le volume cylindrique est le plus considérable,
mais le plus approché du volume réel dont il ne dif-
fère que de 2,6 p. $^o/o$. Le volume tronconique, calculé par la moyenne des trois diamètres, présente
une différence en moins de 10,5 p. $^o/o$. Si l'on opérait
les calculs pour chercher les volumes coniques au
moyen du diamètre inférieur obtenu par la décroissance, on arriverait à une différence beaucoup plus
grande encore.

Sans crainte d'être trop absolu, on peut assurer
que le volume tronconique, même avec les nombreux calculs que l'on est forcé de subir pour arriver
à une moyenne de diamètre, donne encore des ré-

sultats trop inférieurs au volume réel, pour être appliqué. Et quelque ingénieuse que soit la méthode, il est de toute évidence qu'elle n'est pas pratique.

Le volume conique, calculé avec les diamètres à la base déduits par décroissance, est le plus éloigné du volume réel, et tellement inférieur qu'on ne saurait sérieusement songer à l'employer.

V

Du facteur de décroissance.

Le facteur de décroissance de la tige ne saurait être obtenu en divisant la différence des diamètres extrêmes par la longueur de la tige. Car il résulterait de cette manière de le déterminer, une expression du volume de la tige identique à celle obtenue par la méthode des troncs de cônes géométriques. On trouverait ainsi un volume bien inférieur encore à celui obtenu par la moyenne des trois diamètres, de base, du milieu et du bout.

Voici, au reste, une réponse aux personnes qui pourraient croire à la constance du décroissement, pour tous les arbres d'un même massif; quelles que soient leurs dimensions. Soit D un diamètre quelconque, H la hauteur, X l'accroissement en hauteur qui correspond à un accroissement en diamètre 1, on aura l'équation : $\frac{D}{H} = \frac{D+1}{H+x}$, d'où $\frac{1}{x} = \frac{D}{H}$. Or $\frac{1}{x}$ est le facteur de décroissement qui est constant et égal au rapport du diamètre à la hauteur. Si nous supposons qu'il est le même pour tous les arbres d'un massif, c'est admettre que la hauteur croît proportionnellement aux diamètres, et que si le diamètre devient double ou triple, la hauteur suit la même loi, ce qui est contraire aux faits.

On peut, au reste, se rendre compte à quel résultat on arriverait, en prenant cette base pour déterminer la hauteur d'un arbre ayant 1^m 50 de diamètre, et pour facteur de décroissement $\frac{0.225}{15}$, ou 0,015. Désignant par H cette hauteur cherchée, on doit avoir la relation : $\frac{0.225}{15} = \frac{1.50}{H}$, ou $H = \frac{1.50 \times 15}{0.225} = 100^m$. Hauteur fantastique, pour les arbres de nos climats tempérés.

Ainsi il semble bien démontré qu'il n'y a pas de facteur de décroissement unique, applicable à un massif donné; tout au plus peut-on espérer de le déterminer par catégories de grosseurs.

Mais nous conseillons de suivre la méthode qui consiste à déterminer la circonférence du milieu par des tables d'expériences, méthode indiquée plus haut, et qui nous a toujours donné de bons résultats.

CHAPITRE IV

UNITÉS DE VOLUME ET LEURS RAPPORTS.

I

Mètre cube, pied cubé, solive.

Les volumes des bois sont tous rapportés au mètre cube, pris pour unité. Une pièce de charpente, ayant ce volume, quelle que soit sa longueur ou le côté de la section d'équarrissage, peut donc être assimilée à un cube de bois plein, ayant un mètre sur chacune des arêtes aboutissant au même sommet. Sa valeur sera, par suite, de mille décimètres cubes, et celle de chaque décimètre cube de mille centimètres cubes.

. L'unité ancienne, prise pour terme de comparaison, était beaucoup plus petite, elle équivalait à un cube ayant un pied sur chaque arête, et se nommait le pied cube. Si on donne au pied la valeur $0^m 33^c$; le pied cube équivaut à $0^m 33 \times 0^m 33 \times 0^m 33$, ou $0^m {}^c 0359$, environ le $\frac{1}{27}$ du mètre cube. Ainsi il faut 27 pieds cubes pour faire le volume d'un mètre cube, d'après les marchands de bois.

. Cette unité ancienne étant trop petite, on avait pris une autre unité pour terme de comparaison, qui équivalait à trois pieds cubes et se nommait solive.

Comme on le voit, cette seconde unité serait le $^1/_9$ du mètre cube, par suite 9 solives anciennes équivaudraient à l'unité nouvelle.

On désignait aussi sous le nom de solive une pièce de charpente ayant 12 pieds de long, et 6 pouces sur chacun des côtés d'équarrissage. Son volume était exactement de 3 pieds cubes; et sa valeur comparée au mètre cube de 0^m. ᶜ 102832. Le dixième du mètre cube correspond donc à peu près à la solive ancienne; aussi lui a-t-on souvent donné le nom de solive nouvelle.

L'ancien pied de roi ne vaut réellement que 0^m 32484, le pied cube que 0^m. ᶜ 03428, par suite le mètre cube correspond à 29 pieds cubes environ. Admettre seulement 27 pieds cubes pour la valeur du mètre cube, c'est donc faire une erreur très-considérable. Un marchand qui achète sur le cubage à l'ancienne mesure, comme on le pratique généralement, pour vendre au mètre cube, commet à son préjudice une erreur de plus de 7 p. %.

Nous pensons que le commerce devrait renoncer à ce genre suranné de mesurage, préjudiciable à des transactions un peu étendues, et qui, si n'était l'ignorance de ceux qui l'emploient, pourrait faire peser sur eux un soupçon de déloyauté et de tromperie.

II

Stère, corde.

Un mètre cube de bois empilé, vide compris, se nomme stère ; on le divise en décistère ou dixième de stère ; et son multiple est le décastère ou dix stères, que l'on emploie comme unité dans les grands chantiers, ou sur les places de commerce.

En général, le volume de bois empilé nommé stère a un mètre sur chaque face, par suite les bûches ont la même longueur. Mais dans la pratique il n'en est pas toujours ainsi, quelquefois on ne donne à la bûche que 50 ou 60 centimètres avec la hauteur et la largeur du stère. Il est toujours facile de calculer le nombre de stères et décistères contenus dans ces volumes empilés.

Ainsi la longueur de bûche d'une masse empilée est 65 centimètres, la hauteur 1 mètre, on voit qu'il y a 6 décistères 5 dixièmes par mètre courant, et que 100 mètres donneront 650 décistères ou 65 stères.

Réglementairement la hauteur dans ce cas devrait être telle, que chaque mètre de longueur mesuré sur la couche correspondît au stère. Il suffirait donc, avec une longueur de bûche de 0^m 65, de donner une hauteur de 1^m 54 ^{c}, puisque 1^m 54 $\times$ 0^m 65 $\times$ 1 donne un mètre cube ou stère.

La corde est l'ancienne mesure prise pour unité pour les bois empilés. Elle est surtout très-employée par les maîtres de forges et autres, qui livrent les produits des forêts à la carbonisation.

La corde dite de l'ordonnance des Eaux et Forêts avait 8 pieds de long, 4 pieds de haut et 3 pieds 6 pouces d'épaisseur ou de longueur de bûche, elle équivaut à 3st 839.

Dans certaines contrées la corde employée a 4 pieds sur chaque face, et équivaut à 64 pieds cubes ou 2st 194. Elle prend le nom de moule dans quelques localités.

Pour les bois à charbon il est d'usage de donner aux bûches une longueur assez faible, afin de permettre au bois empilé de se sécher plus rapidement, et en même temps donner plus de facilité dans la construction des meules. Les mesures employées pour cette corde sont : 8 pieds de couche, 2 pieds de longueur et 4 pieds de haut; soit 64 pieds cubes ou 2st 194. On lui donne le nom de corde charbonnière, quelquefois même on les distingue en petites. moyennes et grandes cordes. Il est inutile d'entrer dans tous ces détails. Les agents et préposés se feront vite à ces diverses mesures, en réduisant en pieds cubes et après en stère qui contient, comme nous l'avons montré, 29 pieds cubes.

Cependant le pied cube n'est pas employé dans ces sortes de mesurages, nous n'en parlons que comme moyen rapide de convertir facilement un volume exprimé en anciennes mesures, en nouvelles, ou réciproquement. Mais le plus simple sera toujours de se servir des tables de conversion mises à la suite.

III

Facteurs de conversion, du mètre cube au stère et réciproquement.

Tout volume de bois empilé, soit stère, soit corde, offre une partie pleine, et une autre vide. Si la première était connue, exprimée en mètres cubes ou fractions du mètre cube, on aurait, en faisant la différence, le volume vide. Il est sous-entendu que le volume empilé est lui-même rapporté au même cube comme terme de comparaison.

On comprend que la relation entre la partie pleine et la partie vide varie beaucoup suivant les essences, la grosseur des bûches, etc.

Des bûches provenant de tiges en taillis doivent mieux s'empiler que des branches provenant d'arbres abattus. Avec le même bois l'empilage se fait mieux, ou bien le vide doit être moindre, quand les bûches sont droites, l'écorce lisse, etc.

Soit un stère de bois empilé, dont on ait cubé séparément chaque bûche au moyen de la circonférence au milieu et de la longueur, et qu'on obtienne 0m. c 700d. Il faut en conclure que le vide est de (1m c 000d — 0m. c 700d), 0m c 300d. Le rapport du volume total au volume plein, ou du stère au mètre cube est $\frac{1}{0.7}$ ou 1,43. Il faut donc 1st 43 pour avoir un volume plein d'un mètre cube, et réciproquement un mètre cube de ce bois donnera en stères 1st 43 c.

Par conséquent si on avait un certain nombre de mètres cubes de bois de rondins, pour déterminer la quantité de stères empilés qu'on obtiendrait, il suffira de multiplier ce nombre par 1,43, facteur correspondant.

Si le nombre de stères était donné, il faudrait le multiplier par le facteur inverse 0,70, pour obtenir la quantité de mètres cubes, ou volume plein.

Il sera parlé plus loin, à propos des principales unités de marchandises, des divers facteurs de conversion, et comment en général on doit procéder pour les déterminer.

IV

Facteurs de conversion des principales unités marchandes.

Nous avons vu comment dans quelques cas particuliers, on détermine les facteurs de conversion, pour passer du mètre cube en grume à certaines unités marchandes, ou réciproqueuent.

On a déterminé les facteurs pour passer du stère au mètre cube, et de celui-ci au stère.

Le tableau suivant, extrait des tables de M. Chevandier, peut donner une idée de la marche à suivre, dans ce cas.

Essences.	QUALITÉ DE L'ÉCORCE et du bois.	Volume du bois dans le stère.	FACTEURS pour passer du	
			Mètre cube au stère.	Stère au mètre cube.
Sapin. Epicéa.	Bois de quartier, écorce unie.	0,76	1,31	0,76
	Id. écorce raboteuse.	0,62	1,61	0,62
Hêtre.	Rondins, écorce assez unie,	0,60	1,65	0,60
	Rondins de branches courbes.	0,58	1,72	0,58
	Bois de quartier, écorce unie	0,68	1,45	0,68
	Id. écorce raboteuse.	0,61	1,64	0,61
Chêne.	Bois de branches, assez droit.	0,55	1,82	0,55
	Id. courbe et noueux.	0,46	2,17	0,46

Si l'on désire chercher les facteurs de conversion pour les produits fabriqués, établir le rapport entre le nombre ou le volume des pièces débitées et le mètre cube en grume, à la suite de quelques expé-riences faites avec soin, on procédera ainsi :

Je suppose qu'un certain nombre de sapins cu-bant 54^m. $^c.922$ en grume, ait donné 341^m 60 de plan-ches, mesurées au milieu. On en déduira le nombre des planches marchandes, qui est de 1400, et qui donnera pour le volume en marchandise fabriquée, 0^m. ^{c} 0235 $\times$ 1400, ou 32^m. ^{c} 953. Le facteur de con-version sera $\frac{32.953}{54.922} = 0,60$, pour passer du volume en grume à celui en marchandise, et le facteur récipro-que sera de $\frac{1}{0.60} = 1.667$.

Le nombre des planches par mètre cube serait de 25 dans ce cas.

On établira d'une manière semblable le rapport du mètre carré de planche au mètre cube en grume, ou au $^1/_4$, mais il suffit d'esquisser la marche générale.

Il serait donc facile de composer une table indi-quant les facteurs de conversion des diverses natures de produits fabriqués, par rapport au mètre cube. Mais on comprend qu'un semblable travail ne saurait avoir une utilité réelle que pour les lieux dans les-quels les expériences auraient été faites.

La manière de les établir soit par nombre d'unités,

soit par volume, est seule vraiment indispensable, et c'est à la suite de nombreuses expérimentations, et d'une longue et fructueuse pratique, qu'on doit songer à les établir pour une localité déterminée.

V

Dés cubages dans les aménagements.

On procède, avant ou après les comptages, dans les parcelles à exploiter en 1re période, aux expériences ayant pour but définitif la détermination du volume des peuplements, par le cubage direct d'un certain nombre d'arbres. L'aménagiste a le soin d'en prendre un assez grand nombre, par catégorie de grosseur, allant pour les diamètres de 5 en 5 centimètres, de manière à pouvoir en déduire assez approximativement le volume moyen par catégorie.

On déterminera directement ce volume moyen, par la moyenne de ceux trouvés dans la catégorie, pour représenter ce qu'on peut appeler l'arbre-type. Ou bien, on prendra la moyenne des hauteurs, et la moyenne des circonférences par catégorie, pour obtenir un volume moyen, qu'on appliquera comme dans le premier cas

Mais pour opérer avec un plus grande exactitude,

il faudra tenir compte du nombre d'arbres dont les diamètres diffèrent entre eux de 1 centimètre, et qui composent la catégorie. On devra multiplier par chaque nombre correspondant le volume déterminé pour les arbres d'expérience de même grosseur, puis diviser la somme des cubes, ainsi déterminés pour une catégorie, par le nombre total des arbres qui correspondent dans la parcelle.

Si, par exemple, entre 17,5 et 22,5, correspondant à la catégorie des arbres de $0^m 20^c$ de diamètre, les nombres des arbres de 18, de 19, 20, 21 et 22 étaient à peu près égaux, le résultat sera peu éloigné de ceux fournis par les deux méthodes approximatives indiquées en premier lieu.

Mais si nous supposons que ces nombres diffèrent beaucoup, et qu'ils soient : 1500 de 18, 1000 de 19, 800 de 20, 700 de 21 et 600 de 22.

Si on désigne par a, b, c, d, e, les cubes partiels des arbres d'expérience correspondant à ces grosseurs, le cube moyen de l'arbre-type pour cette catégorie serait :

$$\frac{1500 \times a + 1000 \times b + 800 \times c + 700 \times d + 600 \times e}{1500 + 1000 + 800 + 700 + 600}.$$

On a consigné dans le tableau suivant les résultats donnés par cette manière de procéder, sur des bois de la catégorie de $0^m 20^c$.

Diamètre à 1^m33 du sol.	Circonférence au milieu.	Hauteur.	Cubes partiels.	Nombre d'arbres.	Cubes totaux
0^m 18c	0^m 53c	11^m00	0,245975	1500	358^mc9625
0, 19	0, 55	12, 50	0,301004	1000	301, 0040
0, 20	0, 58	13, 50	0,361294	800	289, 1152
0, 21	0, 60	14, 50	0,415395	700	290, 7765
0, 22	0, 63	16, 00	0,505176	600	303, 2856
Totaux.	2, 89	67, 50	1,829144	4600	1553, 1438

Les volumes de l'arbre-type seraient donc :

1º Par la moyenne des cubes de $\dfrac{1.829144}{5} = 0,3658$

2º Par la moyenne des circonférences au milieu et des hauteurs, la moyenne des circonférences est de $\dfrac{2.89}{5} = 0,58$, et celle des hauteurs de $\dfrac{67.50}{5} = 13,50$; d'où le volume de l'arbre-type, 0.361394

3º Par la moyenne des volumes totaux de $\dfrac{1553^m\text{c}\,1438}{4600} = 0,335$.

Pour 4600 arbres composant la catégorie, la première manière donnerait un cube de : 1682^m·c 812.

La seconde de 1662   412.

Et la troisième de 1553   144.

Nous sommes dans des conditions exceptionnelles, qui cependant peuvent se présenter, d'autant mieux que les parcelles sont plus grandes, ou que les volumes moyens-types s'appliquent à un plus grand nombre d'arbres.

L'application de ces données, dans les deux premiers cas, peut donc différer beaucoup de la donnée plus exacte par la moyenne des volumes totaux, et soit en plus, soit en moins. Il n'est cependant pas probable qu'on rencontre souvent cet écart entre le nombre des arbres différant entre eux d'un centimètre de grosseur en diamètre.

Ces résultats peuvent donner à réfléchir aux personnes qui croient encore obtenir le volume réel exact dans les opérations d'aménagement. Car, avec la célérité qu'on y apporte, on ne peut que restreindre la quantité des arbres expérimentés dans chaque parcelle, et par suite former une moyenne, dont l'approximation est fort douteuse, seulement approchée, quand les arbres se répartissent également par grosseur dans les catégories.

D'un autre côté, il est presque impossible d'appliquer la troisième manière, qui exigerait des comptages longs et pénibles, pour ne pas dire impossibles, des calculs d'une extrême longueur, et ne présenterait qu'un résultat assez aléatoire, en raison du nombre restreint des expériences.

Il peut donc se présenter tels cas, où les bois à exploiter portent sur une ou plusieurs catégories dont le volume moyen-type aura été exagéré par insuffisance d'expériences, et alors on donnera un chiffre de possibilité bien supérieur au volume vrai.

La réciproque peut parfaitement se rencontrer, d'où je conclus que, si l'on veut avoir une expression assez exacte du volume de la possibilité, ce qui importe beaucoup dans les forêts communales pour l'équilibre des budgets annuels, on doit donner le plus grand soin aux comptages et aux expériences, tout en multipliant ces dernières le plus possible. Je ne parle ici, bien entendu, que de la détermination du volume marchand des bois, car celle du volume réel n'a qu'une importance secondaire.

Il incombe aux agents chargés d'aménagements de forêts communales une certaine responsabilité vis-à-vis des communes. L'administration doit en tenir compte en exigeant d'eux un travail très-étudié, surtout au point de vue du rapport soutenu.

L'expression du volume réel par la décomposition en deux billons cubés comme tronc de cône, nous a paru très-approchée, beaucoup plus simple et surtout infiniment plus rapide que par la décomposition en billons de 2m, cubés comme cylindre Sous ce rapport les tarifs publiés par M. Le Duc sont vraiment utiles, pour ne pas dire indispensables aux aménagistes.

Il est bon de se prémunir aussi contre une erreur

assez commune, qui consiste à croire que les tarifs d'aménagements doivent fournir un volume exact appliqué à un arbre donné, compris dans une catégorie.

Comme ces tarifs ne donnent que des volumes moyens, qui doivent s'éloigner plus ou moins du cube vrai d'un arbre, suivant qu'il est à la limite supérieure ou inférieure de la catégorie, il n'y aurait rien de bien surprenant à ce qu'ils ne s'appliquent même pas aux arbres du milieu, puisque c'est une moyenne obtenue, comme nous venons de le voir, et qui n'a aucune corrélation avec celui-ci.

On devra donc se servir des tarifs donnés par les rapports d'aménagements uniquement pour les calculs de la possibilité ; calculer directement les volumes des arbres dans l'estimation des coupes, sans s'inquiéter si le volume ainsi déterminé s'éloigne plus ou moins de celui fourni par les tarifs.

CHAPITRE V

BOIS DE FEU OU DE CHAUFFAGE

On distingue les bois en deux catégories bien distinctes : 1° Bois de feu ou de chauffage ; 2° Bois d'œuvre.

I

Bois de feu, et de ses diverses dénominations.

Les bois de feu se subdivisent en bois de quartier, bois de rondins, bois à charbons, fagots, bourrées ou fascines.

Les arbres débités en bois de feu peuvent donner, soit du bois de quartier, soit du rondin, suivant que les bûches sont refendues, ou qu'elles sont jugées d'un trop faible diamètre pour du bois de quartier.

Les longueurs des bûches varient, comme nous l'avons dit, suivant les contrées, et surtout d'après l'usage auquel le bois est destiné. Pour la carbonisation on emploie généralement peu de bois de quartier, à moins de refendre les bûches de manière à leur donner un faible diamètre. Tous les rondins de 2 à 4 centimètres entrent dans le bois destiné à faire du charbon, et qu'on nomme quelquefois bois de charbonnette. Le nom de petite charbonnette s'emploie pour désigner du menu bois, qui se convertit en charbon destiné à l'usage des ménages.

Les bois, débités suivant l'emploi auquel ils sont destinés, sont empilés de manière à ne pas reposer directement sur le sol, pour leur permettre de sécher, tout en les préservant de l'humidité du terrain. Souvent on place deux rondins assez gros, qui prennent le nom de chantiers dans quelques localités, sous les bûches empilées une à une dans une direction perpendiculaire. On enfonce verticalement dans le sol deux piquets espacés suivant la mesure à donner au stère ou à la corde, qui sont provisoirement soutenus par deux espèces de jambettes s'appuyant d'un côté sur le sol et de l'autre contre les piquets, dans lesquels on a pratiqué une encoche pour empêcher le glissement.

Quand le bois empilé est monté à une certaine hauteur, deux branches formant crochet, nommées brides, prennent les piquets séparément, puis étant recouvertes avec les bûches supérieures, maintiennent le volume construit dans de bonnes conditions d'empilage.

Les bois en séchant diminuent de volume, la longueur n'offre pas un retrait sensible, par suite la diminution porte entièrement sur le diamètre. Si on avait donné au bois empilé ainsi un volume exact, après cette dessiccation on ne retrouverait point la mesure. Pour obvier à cet inconvénient, on a soin de forcer un peu la hauteur au moment de l'empilage, et de placer en sus de la mesure une bûche, dite bûche roulante dans certains pays.

Le bois flotté est celui qui a été charrié par l'eau.

Le pelard provient du chêne dont on a enlevé l'é-corce, pour la fabrication du tan.

Le bois neuf est celui qui n'a été ni flotté, ni écorcé, et est ainsi appelé par opposition au bois vieux, ayant plus d'un an de coupe.

Le plus estimé de tous est le bois neuf, ou même le bois vieux rentré dans de bonnes conditions, bien sec et en bon état de conservation. On attribue les mêmes qualités au bois pelard qu'au bois non écorcé ou couvert, quoiqu'il donne un feu beaucoup moins agréable, surtout si par sa nature il a des tendances à charbonner. Cette propriété, attribuée particulièrement au chêne crû sur un sol humide, consiste en ce que le bois brûle presque sans flamme.

Étant flotté, le bois, surtout s'il est resté long-temps dans l'eau, perd une partie de ses qualités calorifiques; mais bien sec, il est très-estimé pour les verreries, fabriques de porcelaine et autres usines, où on demande un feu clair et vif.

II

Caloricité des bois.

Il n'est attribué de valeur au bois de feu, qu'en

raison de ses effets calorifiques, soit dans l'économie domestique, soit dans l'industrie.

On admet assez généralement que le pouvoir calorifique des bois secs est le même, à égalité de poids, et, par suite, est proportionnel à leur densité. Ainsi un bois, qui sous le même volume présentera un poids double, donnera deux fois plus de chaleur.

Nous ne comparons ici que les effets obtenus dans les conditions particulières où l'on se place pour l'étude des phénomènes calorifiques ; mais si la combustion a lieu à feu découvert, comme dans nos cheminées, le courant d'air nécessaire pour le dégagement du calorique entraîne une grande quantité de chaleur. Par suite on doit distinguer la chaleur dite ascendante, produisant peu ou point d'effet, de la rayonnante, qui est seule en partie utilisée pour le chauffage des appartements.

La valeur des bois employés comme combustibles dans l'économie domestique devrait donc être basée sur la quantité de chaleur rayonnante qu'ils dégagent, variable suivant les essences. Ainsi, pour le hêtre, la chaleur totale dégagée est à la rayonnante comme 4 à 1. Cependant ce bois donne un des chauffages les plus estimés, quoique la chaleur utilisée soit au-dessous de 20 p. $^o/_o$ de la chaleur totale Dans les cheminées ordinaires, la quantité de calorique perdu est tellement considérable, que la chaleur utilisée au chauffage des appartements ne paraît pas être au-dessus de 5 p. % de la chaleur totale théorique. On devra tenir compte, pour les bois destinés au chauffage, de la plus ou moins grande durée de la combustion, de la propriété qu'offrent certains charbons de brûler complétement, sans être soumis à un puissant tirage. Toutes ces circonstances influent sur la quantité de calorique utilisée, et aussi sur la préférence à accorder à tel ou tel bois.

La plus grande valeur des bois, au point de vue de la caloricité, est atteinte au moment de leur maturité. L'âge est à prendre en considération, le pouvoir calorifique devant être en proportion du carbone qu'ils contiennent, ou du charbon qu'on en peut retirer. Ainsi, pour les feuillus, on doit préférer les bois d'âge moyen, et, pour les résineux, les plus âgés. Les taillis sont plus recherchés comme bois à charbon que les futaies, et ces dernières comme bois de chauffage.

Les maîtres de forges semblent convaincus de la meilleure qualité des charbons provenant de taillis ; et l'on s'explique assez facilement l'avantage des bois de futaie pour l'économie domestique. D'abord ils tiennent beaucoup mieux au feu, et malgré leur prix plus élevé, il y a réellement une plus grande quantité de bois par stère, ensuite les parties des tiges provenant de bois jeunes n'étant pas complètement lignifiées, ou contenant beaucoup d'aubier, donnent un chauffage bien inférieur, fournissent un feu plus rapide et moins durable. Aussi préfère-t-on en général le bois jeune, dans les industries où il est besoin d'un feu clair, vif et rapide.

III

Densité des bois

Nous avons vu qu'on admet qu'à poids égal les bois fournissent la même quantité de chaleur, par suite que leur puissance calorifique était proportionnelle à leur densité.

Le poids des bois sous le même volume, ou leur densité, varie beaucoup; on peut en juger par les résultats consignés dans le tableau suivant, dans lequel on a distingué l'état vert de l'état sec. Le premier correspond au moment de la coupe en forêt, et le second à la dessiccation à l'air après plusieurs années.

Le moyen le plus simple pour obtenir la densité d'un volume de bois donné est d'employer le procédé hydrostatique dont il a été parlé plus haut. Mais on comprend qu'il est défectueux dans des expériences d'une grande précision, par suite de l'eau qui pénètre

dans les pores du bois. L'étude des diverses méthodes suivies nous entraînerait, sans grand avantage,
au delà des limites d'un manuel élémentaire.

ESSENCES	Densité à l'état		Noms des observateurs.
	vert.	sec.	
Alizier torminal . . .	0,880	0,750	Hartig.
Aune glutineux, . .	0,760	0,485	Id.
Bouleau blanc	0,800	0,580	Id
Buis de Corse	»	1,090	Mathieu.
Cerisier	0,830	0,740	Varenne de Fenille.
Châtaignier	0,840	0,650	Mathieu.
Charme	»	0,693	Hartig.
Chêne pédonculé. . .	0,925	0,786	Id.
Chêne rouvre	»	0,841	Id.
Chêne tauzin	»	0,809	Mathieu.
Cytise des Alpes . . .	»	0,750	Id.
Epicéa	0,570	0,440	Id.
Erable champêtre. . .	1,000	0,790	Hartig.
Id. plane	0,936	0,737	Id.
Id. sycomore . . .	0,914	0,740	Id.
Frêne	»	0,789	Id.
Hêtre	0,931	0,740	Id.
Houx commun	»	0,810	Mathieu.
Marronnier d'Inde. . .	0,830	0,470	Varenne de Fenille.
Mélèze	»	0,550	Mathieu.
Noyer	0,780	0,620	Baudrillart.
Orme champêtre . . .	»	0,687	Mathieu.
Peuplier noir	0,660	0,500	Hartig.
Id. pyramidal. .	»	0,330	Id.
Pin maritime	»	0,680	Mathieu.
Pin sylvestre	0,906	0,780	Hartig.
Saule blanc	0,860	0,410	Id.
Saule marceau	0,630	0,460	Id.
Sapin	0,590	0,480	Id.
Tilleul à petites feuilles	0,819	0,472	Id.

IV

Densité des charbons de bois.

La densité des charbons de bois varie beaucoup, surtout suivant leur état de division ; on a consigné dans le tableau suivant les densités de quelques charbons, en distinguant ceux qui sont en poudre de ceux en morceaux : _

Tableau de la densité de quelques charbons de bois.

ESSENCES.	DENSITÉS.	Noms des observateurs.
1° EN POUDRE.		
Chêne	1,53	Verther.
Peuplier	1,45	Id.
Saule.	1,55	Id.
Tilleul	1,46	Id.
Aune.	1,49	Id.
2° EN MORCEAUX.		
Noyer	0,625	Marcus Bull.
Chêne pédonculé. . .	0,421	Id.
Frêne	0,547	Id.
Hêtre.	0,518	Id.
Charme.	0,455	Id.
Pommier	0,455	Id.
Cerisier.	0,411	Id.
Orme	0,357	Id.
Bouleau.	0,364	Id.
Pin	0,333	Id.
Châtaignier	0,279	Id.
Peuplier	0,245	Id.

V

Fagots et bourrées.

Les fagots se composent de menues branches et de rondins, et même de bûches de quartier, suivant les localités.

Les produits divers qui les composent varient beaucoup, depuis le fagot à deux harts jusqu'à celui qui n'en a qu'une. Les besoins de la consommation locale servent de règle à la manière de les constituer et de les lier dans chaque pays.

Les bourrées ou fascines ne se composent que de brindilles et de menu bois, et ne sont liées qu'à une seule hart.

Les fagots et les bourrées se vendent au cent ou au mille, suivant les habitudes du commerce local.

Il existe d'autres produits des forêts qui peuvent se classer dans les fagots ou bourrées, ce sont :

Les baguettes délivrées et vendues aux vanniers.

Les harts pour lier le blé, vendues aux cultivateurs riverains des forêts.

La bourdaine cédée à prix d'argent aux entrepreneurs des poudreries de l'État.

Ces différents produits des forêts s'estiment de diverses manières, ou en fagots de dimension convenue, comme pour la bourdaine, ou au mille, comme pour les harts ou les baguettes employées dans la vannerie.

VI

Bois à charbons.

Les bois destinés à faire du charbon se carbonisent sur le parterre des coupes, suivant différents procédés dont le plus généralement employé est de former une meule de 25 ou 30 stères, que l'on recouvre de feuilles sèches, de terre, puis de débris pulvérisés d'anciennes fosses, au milieu de laquelle on met le feu, soit par une ouverture supérieure, soit par une inférieure. Le charbonnier surveille la marche du feu, de manière à ce que la meule se carbonise également de tous les côtés, et que le feu descende régulièrement jusqu'aux parties qui touchent l'aire, préalablement aplanie et nivelée.

Il est employé d'autres procédés pour carboniser dans des usines fixes, et utiliser les divers produits volatilisés dans la distillation du bois. On peut consulter avec fruit l'article très-complet publié sur ce sujet par la *Maison rustique du* XIXe *siècle*, ou le dictionnaire de Baudrillart.

La carbonisation en forêt donne dans des conditions ordinaires de 16 à 22 p. % en charbon, du poids du bois. Ce rendement varie suivant l'époque de la carbonisation, la qualité du bois, son état de dessiccation, etc.; mais surtout suivant l'habileté du charbonnier.

On vend le charbon en gros à l'hectolitre ou au mètre cube. La vente au poids, qui parait plus rationnelle, n'a pas encore été adoptée, à cause des fraudes considérables auxquelles ce mode de vente se prête. Les maîtres de forges semblent généralement le réprouver, et préfèrent le premier mode de mesurage pour le payement des charbonniers et ouvriers employés au transport.

- Quoique le poids du mètre cube de charbon varie beaucoup, comme celui du stère de bois, on peut fixer ce poids de 200 à 230 kilog. pour des bois mélangés.

Le charbon le plus recherché pour la fabrication de la fonte est celui donné par les bois les plus denses, parce que, en raison de sa plus grande densité, il résiste mieux au soufflet de forge, et procure une chaleur plus vive et plus durable. Les charbons légers sont employés assez volontiers par les forgerons et par les usines d'affinage du fer. Les charbons provenant des bois blancs, de la bourdaine, etc., sont employés dans la fabrication de la poudre, et sont fabriqués dans des usines spéciales qui dépendent des poudreries.

Les bois ne sont pas généralement employés directement dans la fabrication de la fonte ou du fer, parce que le transport en serait trop coûteux, surtout à de grandes distances ; que sous cette forme la résistance au soufflet de forge ne serait pas assez longue, et aussi la température trop peu élevée. Cependant quelques forges très-rapprochées des forêts l'emploient pour l'affinage du fer, et y trouvent du bénéfice.

VII

Comparaison entre les divers combustibles.

On admet assez généralement, qu'à poids égal le bois sec produit la moitié de la chaleur de la houille. Le stère de bois dur pèse en moyenne 450 kilog Cent kilog. de houille valant 4 fr. 50 c. en gros, les 450 kil. vaudraient 20 fr. 25 c. Il faudrait par suite deux stères de bois dur, pour donner la même chaleur que 450 kil. de houille.

Dans les localités où le bois aurait une valeur inférieure à 10 fr. le stère, le prix de la houille étant celui déterminé plus haut, il y aurait avantage à se servir de bois, et perte si l'on dépassait ce prix.

Le charbon de bois coûtant 36 fr les 200 kil , si on admet qu'il donne autant de chaleur que la houille à poids égal, il coûterait par cent kil (18 fr. — 4 fr. 50 c.), ou 13 fr, 50 c. de plus,

Il serait facile d'établir d'une manière analogue les prix comparés du bois et des autres combustibles, cokes, tourbes, lignites, etc, Ces sortes de calculs ne présentent aucune difficulté.

CHAPITRE VI

BOIS D'ŒUVRE

Les bois d'œuvre se subdivisent en bois de service ou de construction, et en bois de travail ou d'industrie.

Les bois de service se distinguent, suivant leur emploi, en bois de marine, bois de construction ou de charpente et bois de marronage ou marnage ; ces derniers étant spécialement destinés à servir les besoins des usagers dans les forêts.

Les constructions navales emploient le chêne, le

pin, le sapin, l'épicéa, le hêtre, l'orme et le frêne.

Pour les constructions civiles le chêne, le sapin, le châtaignier sont généralement employés.

Dans les travaux où l'humidité règne d'une manière constante, mines, pilotis, on se sert du chêne, de l'aune, de l'orme, du pin, du sapin et du hêtre.

Après avoir abattu un arbre en forêt, le bûcheron enlève à la hache ou à la scie les branches, la cime, tout le bois de feu en un mot, pour ne laisser que la partie de la tige propre à l'œuvre, qui prend le nom de bois en grume; désignation s'appliquant au chêne revêtu de son écorce, comme au sapin écorcé aussitôt abattu.

S'il y a lieu de travailler sur place le bois en grume, de manière à en faire une pièce de marine ou de charpente, un ouvrier spécial procède à l'opération de l'équarrissage, avec la hache ou l'erminette.

Dans le bois de travail ou d'industrie, on distingue le bois de sciage et le bois de fente.

Le premier comprend les planches et toutes les pièces débitées à la scie.

Le second, tous les produits obtenus par l'opération de la fente, tels que : merrain, douves de futaille, bardeaux, pelles, bâts, attelles de colliers, échalas pour la vigne, cercles, etc.

I

Débit des bois de service.

Les bois propres au service sont, comme nous l'avons dit, enlevés en grume ou équarris sur place.

Le chêne est généralement travaillé en forêt, pour réduire le prix du transport déjà très élevé, en raison de sa densité considérable. Les bois résineux sont transportés en grume, aux scieries où ils doivent être débités.

Ces bois équarris sur place le sont en général d'une manière incomplète, surtout pour les demandes de bois à vive arête, sans aubier et sans flaches, comme s'emploie le chêne dans les grandes constructions civiles. Une pièce ainsi travaillée se mesure au milieu avec les côtés de l'équarrissage, ou bien avec la moyenne des côtés du gros et du petit bout. Pour tenir compte de la perte que subira la pièce par un nouveau travail, on n'estime les dimensions des côtés que de 2 en 2 ou 3 en 3 centimètres, et les longueurs de 20 en 20 ou 25 en 25 centimètres, et l'on cube avec les mesures ainsi prises selon l'habitude locale.

Les divers bois de service en sapin reçoivent des

noms différents suivant les localités, qui dans les Vosges ont les noms et dimensions suivantes :

Noms des pièces	Gros bout.	Milieu	Longueur
Chevron.	16 à 22 cent.	14 cent.	9 mètres.
Panne simple.	22 à 32 cent.	18 cent.	12 à 14 mètres.
Panne double.	32 à 36 cent.	23 cent	15 et au-dessus
Poutre.	38 et au-dessus	»	»
Recharge.	27 à 32 cent.	»	»

L'Etat emploie dans les arsenaux des bois de service tels que le chêne, frêne, orme, sapin, etc.

Les traverses (1) de chemin de fer sont débitées à la hache et à la scie, on peut à la rigueur les classer dans les bois de service. Généralement elles sont en chêne, exceptionnellement en hêtre, pin, etc.

Mais avec ces derniers bois, elles sont injectées d'une substance qui prolonge leur durée. On y emploie les bois de qualité très-médiocre, et on utilise certaines pièces impropres aux constructions ou au sciage.

(1) Les dimensions des traverses sont de deux sortes : 1°, 0,30 de côté sur 0, 14 d'épaisseur et 2,50 à 2,60 de long ; 2° 0,24 sur 0,12 et 2,33 de long. 11 traverses font le mètre cube et il y en entre 2500 par kilomètre à double voie, ou 100 m. c. sur une seule voie.

II

Débit des bois de travail.

Les bois de travail se débitent le plus souvent en planches sur le parterre de la coupe, surtout pour le chêne et le hêtre.

On sait que, après avoir équarri la pièce, les scieurs tracent, au moyen du cordeau noir, les traits que doit suivre la scie sur les deux faces opposées ; puis l'établissent solidement sur un chantier où elle est débitée.

Dans la pratique on nomme sciage sur la maille, l'opération qui consiste à faire suivre au trait de scie les rayons médullaires. Les bois ainsi travaillés ont plus de résistance et de durée, c'est en un mot le meilleur sciage ; le plus mauvais est celui qu'on fait sans tenir compte de l'inclinaison des rayons précités, quand ceux-ci sont placés sous une faible inclinaison de manière à couper la maille.

Il faut dire que cette dernière manière est généralement employée, et la première exceptionnellement, et pour des ouvrages à destination tout à fait spéciale ; le déchet des bois découpés ainsi ne dépasse pas 25 p. %

On enlève quelquefois la cœur de l'arbre, à cause
de la mauvaise qualité du bois qui en provient, car
il se pourrit, se voile et se tourmente très-facile-
ment.

III

Sciage de chêne.

Dans chaque contrée on suit les usages locaux
pour le débit et la vente des sciages de chênes, qui
sont des planches et des madriers. Le plus générale-
lement on les vend à la toise carrée ou par quatre
mètres carrés; la valeur des madriers se règle suivant leur épaisseur et d'après le même mode de
mesurage. Nous ne parlerons ici que du commerce
général des bois; nous pensons qu'il est inutile d'entrer dans les détails de chaque profession travaillant
le bois, nous ne devons nous occuper que des produits fabriqués en forêt.

Les planches se vendant toutes au mètre carré
ou à la toise comme nous venons de le dire, on est
dans l'habitude de mesurer la largeur au milieu de
chaque planche.

Dans certaines localités on vend à la douzaine,
c'est-à-dire que si on suppose la planche marchande

de 1 pied de largeur, il faudra 12 planches pour faire 12 pieds, réciproquement les 12 pieds représenteront une douzaine de planches.

Le prix de la douzaine varie suivant la longueur des planches et leur épaisseur. On peut déduire les uns des autres, pourtant les planches longues se vendent plus cher par mètre carré que les courtes; il est facile d'en saisir la raison .

Dans le commerce de Paris on les vend au cent de toises courantes, de marchandise assortie. Ayant des dimensions variables, on a dû les rapporter à deux types qui sont : l'échantillon et l'entrevous, ce dernier étant les 3/4 de l'échantillon, celui-ci a 0,25 de largeur, et 0, 04 d'épaisseur. 50 mètres courants d'échantillon peuvent être produits par un mètre cube de bois en grume, et 100 toises courantes par 4 mètres cubes en grume.

Le sciage sur maille, usité dans la plupart des pays du Nord se pratique surtout sur les bois destinés au parquetage. Ce mode d'emploi exige une grande solidité, de la durée, et avant tout la qualité de ne point se tourmenter.

Le chêne débité sur maille réunit toutes ces conditions.

IV

Sciage du hêtre.

Le hêtre est employé sous forme de planches dans la fabrication des meubles, comme pièces de fonds.

Le mode de vente est à peu près le même que pour le chêne, dont les produits façonnés, comme nous venons de le dire, s'achètent à la toise carrée ou à la toise courante.

On débite, en outre, le hêtre en madriers très-épais, qu'on emploie comme bancs de boucherie, de cuisine, établis de menuisiers, etc. Ces madriers portent assez généralement le nom d'étaux. Le hêtre est aussi débité en planches minces, dites de petit sciage, et qu'on emploie à une foule d'usages. Leur longueur est assez uniforme, leur largeur et leur épaisseur sont variables; elles se vendent par bottes.

V

Sciage du sapin.

Le sapin, ainsi que l'épicéa, est débité en planches, qu'on comprend dans le commerce sous la même dénomination, de sciage de sapin.

Les longueurs varient beaucoup suivant les localités, généralement les bois destinés à faire de la planche sont débités en billons ou tronces de la longueur de la planche, et sont ainsi transportés plus facilement aux scieries.

La première planche détachée de chaque côté de la tronce se nomme dosseau dans les Vosges, l'une de ses faces est convexe, l'autre plane; les planches qui sont retirées après se nomment les chons, les bords sont en biseau et ont des flaches

Les dosseaux, les chons et les planches de rebut servent à faire des lattes qui n'ont point de dimensions fixes, celles qui servent pour les toitures en tuiles plates sont plus longues et plus épaisses que celles destinées aux plafonds. Mais chaque espèce se vend à la douzaine, ou par pied courant. Quand on prend pour unité de vente le cent ou le mille de planches, le lot vendu peut contenir $\frac{1}{4}$, $\frac{1}{3}$ et même $\frac{1}{2}$ de chons et rebuts.

Dans les Vosges, la planche réduite a les dimensions : longueur 11 pieds, largeur 9 pouces, épaisseur 1 pouce; on en débite de $\cdot \frac{11 \text{ pieds}}{8 \text{ pouces}}$, $\frac{12 \text{ pi.}}{8 \text{ po.}}$, $\frac{11}{9}$,

$\frac{12}{9}$, $\frac{11}{12}$, $\frac{12}{12}$, les numérateurs indiquent les longueurs en pieds, et le dénominateur les largeurs en pouces. Mais dans le commerce on rapporte tout à la planche réduite, qui n'a que 10 à 11 lignes d'épaisseur, car celle indiquée plus haut comprend le trait de scie.

Dans une bille de sapin de 12 pieds de long, le nombre de planches de $\frac{12}{9}$, est égal au carré du petit diamètre exprimé en pouces et divisé par 12.

Dans certaines contrées, les planches se vendent la douzaine, comme nous l'avons dit pour le chêne

Un mètre cube de sapin en grume peut donner 25 planches marchandes, y compris les chons ; ce nombre varie suivant la grosseur des arbres. A volume égal, une tronce d'un grand diamètre donne moins de déchet qu'une autre, et par contre fournit plus de bois marchand.

Les planches d'épicéa sont estimées comme celles du sapin, mais celles de pin sylvestre dépourvues d'aubier sont bien supérieures.

Ce que nous avons dit pour les sciages sur maille s'applique au sapin comme au chêne, et les bois ainsi travaillés joignent, à une grande solidité, une durée considérable.

VI

Bois de fente.

Les bois se travaillent sur le parterre de la coupe, quand ils sont destinés à faire des produits obtenus par la fente. Car on doit l'employer vert, parce qu'il se fend mieux, et aussi parce que l'ouvrier spécial qui s'en occupe fait son choix sur place, et n'utilise que la partie du bois propre à faire l'objet dont il est chargé.

Le bon bois de fente présente des fibres unies, droites, parallèles et non entrelacées, exempt de nœuds et de vices de toute nature. Dans un arbre donné la partie qui prête le mieux à la fente est la bille du pied.

L'industrie qui emploie le plus de bois de fente est la tonnellerie, sous cette forme il prend le nom de merrain, et est destiné à faire les douves des tonneaux. Le meilleur bois pour cet emploi est le chêne rouvre, débarrassé d'aubier.

Le merrain comprend deux sortes de pièces, les douelles ou longailles, et les fonçailles ou fonds. Les dimensions de ces pièces varient suivant les contrées et suivant la contenance des tonneaux que l'on veut fabriquer.

Il se vend par millier de pièces assorties, se composant de 2/3 de longailles et 1/3 de fonçailles. Un millier dans les Vosges comprend 2,500 pièces réduites avec la proportion indiquée de douelles de fonds ; un millier fait environ 7$^{m.c}$ 700^{d} ^{c}. Le déchet est à peu près en moyenne de 50 p. °/₀ quand on n'emploie que des bois propres à cet usage. Mais il dépend de la plus ou moins grande quantité d'aubier des bois employés, de leurs dimensions et aussi de leur aptitude à la fente.

Le châtaignier sert aussi à la fabrication du merrain.

Le châtaignier, le noyer, le cerisier, le coudrier, etc., sont employés dans la fabrication des cercles. On prend des bois d'autant plus jeunes, que ces produits sont destinés à des tonneaux d'une plus faible capacité. Le châtaignier s'exploite de 6 à 10 ans, et les cercles se vendent au cent et se mettent en meules.

Le noyer sert à faire, dans quelques localités, les cercles des tonneaux d'une assez grande capacité, et on n'emploie que des bois d'un certain âge, que l'on fend suivant les dimensions exigées par ce mode d'emploi.

Le chêne est aussi employé dans quelques contrées pour la fabrication des bardeaux servant à la couverture des maisons. Ce genre de produit tend à disparaitre, car son prix de revient étant plus élevé que celui des tuiles, on le remplace avantageusement par ces dernières.

Les échalas ou paisseaux servent de tuteurs à la vigne, et sont fabriqués avec du bois assez jeune et propre à la fente. Les meilleurs sont en châtaignier, chêne, acacia.

Ils ont différentes dimensions, suivant les pays, leur longueur varie depuis 1m25 jusqu'à 3 et 4 mètres. Dans le Bordelais on les emploie à cette dernière longueur, et ils prennent le nom de carassone. On les met en bottes de 25 à 50, suivant leurs dimensions, et ils se vendent au cent.

Le hêtre fournit une foule de produits de fente. Mais l'industrie des sabots est celle qui en emploie le plus. On les vend à la douzaine de paires assorties, à la grosse et à la somme de 80 paires.

Quelle que soit l'unité de vente, elle contient 1/3 de sabots d'hommes, 1/3 de sabots de femmes et 1/3 de sabots d'enfants. On admet assez généralement qu'avec un mètre cube de bon bois de hêtre, on fabrique 100 à 110 paires assorties.

On débite le hêtre en pelles, bâts, attelles de colliers, en objets de boissellerie, de râclerie, etc.

Dans la plupart des pays de montagnes à portée

des sapinières, on fabrique des bardeaux avec le sapin.

Malgré le danger de ces sortes de toitures, au point de vue des incendies, malgré les sollicitudes de l'administration, on l'emploie encore beaucoup, à cause du prix de revient trop élevé de la tuile ou de l'ardoise.

Les bardeaux varient de dimensions suivant les contrées, mais en général on leur donne 0^m36 de longueur et 0^m01 d'épaisseur, la largeur varie de 0^m15 à 0^m20

On estime qu'un mètre cube au 1/6 peut fournir 2450 bardeaux En appliquant le facteur trouvé pour passer du volume au 1/6 au volume en grume, il s'ensuit que par mètre cube en grume on obtiendrait $2450 \times 0.785 = 1923$ bardeaux.

DEUXIÈME PARTIE

ESTIMATIONS

CHAPITRE PREMIER

DIVERS MODES D'ESTIMATIONS

I

Martelages, estimation en matière.

On désigne dans les coupes les arbres à réserver ou à abattre, l'opération qui a pour but de déterminer les bois sur lesquels porte la coupe, se nomme martelage.

Dans les taillis, ce sont les arbres réservés qui sont marqués au pied avec le marteau de l'État, les baliveaux de l'âge et les anciens d'une seule empreinte, les modernes de deux. Ce mode de martelage se nomme balivage en réserve.

Dans les coupes de futaie, où la possibilité est basée sur le volume, on fait un balivage en réserve ou en délivrance, ce dernier mode consistant dans la

marque des arbres abandonnés à l'exploitation. Mais
en général le balivage en réserve est le plus recom-
mandé, surtout dans les forêts où l'on pratique l'essou-
chement. Le balivage en délivrance consiste à appliquer deux empreintes du marteau de l'État sur chaque arbre abandonné, l'une au pied et l'autre au
corps.

Les coupes d'amélioration peuvent, suivant l'âge
et la force des brins, être balivées en réserve ou en
délivrance, ou même n'être désignées que par un
simple griffage.

On distingue trois manières différentes d'estimer :

1º Par cubage et comptage individuels.

2º Par place d'essai.

3º A vue d'œil, par pied d'arbre ou par hectare.

II

Cubage et comptage individuels.

Nous avons parlé plus haut du cubage individuel
au point de vue le plus rigoureux. Nous avons montré
comment on obtenait le volume réel ou le volume
en grume de la tige, puis comment on cubait la
cime, les branches, toutes les parties constituantes
d'un arbre, comment on applique les données des

expériences faites dans une forêt aménagée parcelle par parcelle, à un peuplement entier au moyen des divers facteurs correspondants à chaque catégorie de diamètre.

On aura soin d'employer de préférence le volume cylindrique, calculé sur la circonférence au milieu, le volume conique est le plus variable et le plus faible, par suite, est celui qui s'éloigne le plus du volume réel Le volume cylindrique sera toujours d'une application facile partout, surtout si, dans le même arbre, on divise la hauteur en plusieurs parties pour cuber séparément les diverses portions de la tige.

On pourra estimer à vue le volume des branches, en rapportant l'arbre donné à un autre pris pour terme de comparaison, toutefois on ne devra agir ainsi que dans les opérations rapides, pour lesquelles une grande approximation serait inutile, comme dans les estimations des coupes Mais il sera toujours préférable dans une forêt aménagée de se servir des facteurs déterminés, donnnant le volume du bois d'œuvre déduit du volume total de la tige, branches et cimes compris, et déduire par les facteurs correspondants aux branches et aux cimes, les volumes qui constituent le bois de feu

De même pour l'estimation des coupes annuelles, on devra tenir compte du mode de débit du bois dans la localité, et estimer au moyen des coefficients servant à passer du mètre cube en grume, aux produits fabriqués.

Ainsi une coupe n'est destinée qu'à la fabrication des planches, on détermine le volume total de la coupe en mètres cubes en grume.

L'on passera de ce volume à la quantité de mètres courants de planches marchandes, dont le prix est déterminé sur le marché, et duquel il suffira de déduire les frais d'exploitation, fabrication, transport, etc., pour avoir la valeur nette en forêt.

Mais ce n'est pas le cas ordinaire, on ne connait presque jamais la destination des bois d'une coupe donnée, car on ignore quel est l'acheteur, les produits fabriqués par lui, en raison des demandes qui lui seront faites. On se contentera donc d'estimer le bois en grume, on en déduira le déchet occasionné par l'équarrissage, et dans ce but on appliquera le mode de cubage usité dans la localité, au 1/5 au 1/4 ou au 1/6 ; puis on pourra distinguer les produits en deux ou trois classes, suivant leurs qualités et leurs destinations générales. On cubera séparément les bois de feu, et en appliquant les prix par chaque catégorie de marchandise, déduisant les frais, on obtiendra la valeur nette en argent.

III

Cubage par place d'essai.

Si toutes les parties d'une coupe étaient bien ho-mogènes, que le volume fût exactement le même pour des surfaces égales, il suffirait d'estimer par un cubage direct une partie de contenance déterminée, et pour avoir le volume total, de multiplier le volume ainsi estimé, par le rapport de la contenance totale à la contenance de la place d'essai. Ainsi, si après avoir estimé sur une contenance de $0^h 20^a$, on trouvait un volume de 200^m. c la surface de la coupe étant de $6^h 50^a$, le volume total serait $200 \times \dfrac{6.50}{0.20}$ $= 6500^{m.c}$.

Cette manière d'opérer pourrait surtout s'appliquer dans les taillis, si on trouvait des peuplements de consistance homogène; il n'en est pas souvent ainsi dans la pratique. La variété des peuplements, même sur une surface assez restreinte, oblige à faire plusieurs places d'essais, établies le plus possible dans des parties représentant la moyenne des peuplements auxquels on veut appliquer les résultats du cubage. On conçoit dès lors combien il est difficile, même pour celui qui possède un coup d'œil exercé, de choisir de semblabes types, et de se rendre compte, à la simple vue, des nuances diverses d'un peuplement composant une coupe donnée.

IV

Estimation à vue par pied d'arbre ou par hectare.

Il existe un autre mode d'estimation dite à vue d'œil, soit par pied d'arbre, soit par hectare.

Si l'on veut faire le cubage par pied d'arbre dans les futaies, ou dans les taillis sous futaie, on pourra opérer de deux manières :

1º Prendre le diamètre à $1^m 33$ du sol, et en déduire la circonférence au milieu, estimer à l'œil la hauteur totale de l'arbre ou la hauteur de la partie de bois d'œuvre, et employer les tarifs de cubages pour obtenir le volume total de la tige. On estimera aussi à l'œil le volume des branches et des parties propres au bois de feu.

2º On estimera directement à vue d'œil le nombre de mètres cubes, ou parties de mètres cubes formant le volume de chaque arbre, puis les branches cimes et houppiers destinés au bois de feu.

Avec une grande habitude, on peut encore estimer directement à la vue le nombre de mètres cubes par hectare. C'est un procédé rapide et sans précision, qui doit être employé rarement.

V

Estimation à vue.

On divise généralement un taillis, quand on procède à son estimation, en bandes d'une largeur donnée, qui constituent ce qu'on nomme des virées. L'estimateur, à chaque changement de virée, porte sur son calepin le nombre de stères, de fagots, etc., qu'il apprécie être dans la partie qu'il vient de voir, et à la fin de l'opération, il fait la somme des volumes ainsi déterminés, pour obtenir le cube total de la coupe.

On peut enfin estimer les produits à l'hectare d'une coupe donnée, soit directement, soit à vue d'œil, soit par comparaison avec des coupes voisines exploitées, et dont on connaît le rendement. On tient compte dans cette seconde manière des différences de peuplements, soit comme consistance, soit comme hauteur, de toutes les circonstances qui peuvent faire varier le volume de la partie à estimer

VI

Estimation par virée ou par hectare, à vue par place d'essai, etc.

Une autre manière qui donne d'exceilents résultats, quand on l'applique avec soin, est celle dans
laquelle on combiné l'estimation par virée avec l'estimation à l'hectare; voici comment on opère :

On fait établir des virées aussi régulières que possible, ayant une largeur uniforme de 40 ou 50 mètres
par exemple, puis on estime le rendement de chaque
virée par hectare, et l'on prend la moyenne de
tous les résultats obtenus. Ainsi on a estimé cinq
virées successives dont les résultats sont :

150 stères, 500 fagots; 160 st., 700 fag.; 170 st.,
900 fag.; 130 st., 400 fag.; 120 st., 300 fagots.

$$\text{Sommes} \begin{cases} 150 \\ 160 \\ 170 \\ 130 \\ 120 \end{cases} 730 \text{ stères et} \begin{cases} 500 \\ 700 \\ 900 \\ 400 \\ 300 \end{cases} 2800 \text{ dont la}$$

moyenne est $\frac{730}{5} = 146$ stères et $\frac{2800}{5} = 560$ fagots.

On peut se former le coup d'œil assez rapidement
par le procédé suivant :

Sur un certain nombre de stères de bois empilés

on prend note du nombre de bûches et de leur grosseur moyenne; tout en tenant compte de l'état plus
ou moins lisse de l'écorce, si les bois sont droits ou
courbes, etc. En entrant dans une coupe, il suffira
de s'assurer à quel type elle se rapporte, s'il faut,
par exemple 110 ou 120 bûches pour faire le stère,
puis on délimitera une place d'essai de 10 ou 20 ares,
et avec l'aide des préposés on fera compter le nombre de bûches, brin par brin, en tenant compte des
tiges qui, dépassant la grosseur moyenne du type,
seraient refendues en 2, 3, ou 4.

On a déterminé sur une place d'essai de $0^h 10^a$, rap-
portée à un type où il faut 115 bûches au stère, le
nombre des bûches de 1725, le volume du bois empilé sera donc $\frac{1725}{115} = 15$ stères, et par suite par
hectare on aura 150 stères.

Un autre procédé d'estimation assez rapide, et qui
offre une approximation suffisante, consiste à faire
des expériences sur le nombre de bûches consti-
tuant un stère, en prenant la moyenne des circonférences au milieu. Puis appliquer ces résultats dans
des parties à peu près semblables, en mesurant brin
par brin par place d'essai, déduisant la circonférence
moyenne de tous les brins, et le nombre par la hauteur moyenne que l'on détermine directement.

Ainsi on trouve que la moyene des circonférences au milieu étant de 0m 24c., il entre dans le stère 110 bûches. Le nombre de brins composant la place d'essai de 0 h 20a. est de 600, la moyenne des hauteurs de 11m. La place d'essai aura donc 60 stères, et l'hectare dans ces conditions, 300 stères.

L'estimation des taillis se fait le plus souvent à vue d'œil, il ne faut pas s'imaginer cependant, qu'il est inutile d'avoir quelque terme de comparaison. Un habile opérateur, sans qu'il s'en rende compte souvent, compare un peuplement donné à un autre dont il connaît le rendement, il juge que l'un a 5, 10, 20 stères de plus ou de moins par hectare que l'autre, et arrive ainsi, par un moyen indirect, à l'expression très-approchée du volume de la coupe à estimer. C'est par ce moyen, du reste, que l'on s'habitue à saisir le rendement d'une partie quelconque de forêt ; c'est par une comparaison intuitive de l'esprit, que l'on se forme et devient un habile estimateur.

C'est cette faculté qui nous permet d'estimer avec assez de certitude le volume des peuplements dont la consistance et la hauteur se rapprochent de ceux qu'on a l'habitude de voir. Mais s'il arrive qu'on tombe au milieu d'une coupe dont le rendement dépasse de beaucoup la moyenne de ceux qu'on connait, le terme de comparaison manque, et l'on reste presque toujours en dessous de la vérité. Au contraire, si on a à estimer un bois dans un état de consistance très-inférieur, l'esprit semble s'exagérer la pauvreté du peuplement, et l'on reste en dessous du rendement vrai. Ces deux tendances qui nous poussent à estimer en dessous, les bois qui diffèrent beaucoup en plus ou en moins de ceux dont on a l'habitude, fait qu'un opérateur, très-bon juge dans la contrée qu'il a expérimentée, est le plus souvent un déplorable estimateur, si on le transporte dans toute autre forêt. Ce qui explique que le coup d'œil ne suffit pas, il faut encore la fréquentation habituelle des bois a estimer.

CHAPITRE II

ESTIMATION EN ARGENT.

I

Tenue du calepin.

On prépare son calepin à l'avance et les dénombrements peuvent se noter de la manière suivante : à chaque appel d'un préposé, soit baliveau, soit arbre abandonné à l'exploitation, en fait un point au crayon, on en place quatre sur la même ligne verticale et quatre autres sur une parallèle assez rapprochée, puis en menant les deux diagonales, on forme, y compris ces deux lignes, un total de dix. Ainsi chaque point indique un, et la figure complète une dizaine.

Il est facile alors de noter chaque arbre appelé sur la ligne horizontale qui lui convient, on n'a qu'à faire le total par espèce ou catégorie.

On consigne sur le calepin les renseignements divers à prendre sur les lieux, et qui doivent servir à la rédaction des procès-verbaux d'estimations et affiches de vente.

On peut voir quelles dispositions affectent les calepins divers dans les futaies et dans les taillis ; nous pensons inutile d'entrer dans des détails à ce sujet, ainsi que pour ceux de récolement, parfaitement analogues aux autres.

II

Procès-verbaux d'estimation.

L'estimation en matière des coupes varie avec la nature et la qualité des bois à vendre, elle ne saurait tre la même dans le taillis ou dans une futaie, mais, en général, on doit indiquer, quelle que soit la coupe :

1° Le nombre d'arbres à vendre, et leur volume divisé en bois de service et d'industrie.

2° Le nombre de mètres cubes ou stères de bois de chauffage ou de bois à charbon, d'après leurs qualités différentes

3° Le nombre de fagots et bourrées, et s'il y a lieu, le nombre de bottes d'écorce.

En appliquant les prix bruts suivant chaque catégorie, on arrivera à une estimation totale brute en argent, dont on déduira :

1° Le bénéfice à tant p. %, de l'adjudicataire.

2° Une somme pour le facteur, serment et marteau.

3° Abattage, extraction et élagage des arbres de futaie

4° Façon des bois de { Chauffage. Charbon } Façon des { Fagots. Bourrées. Écorces. }

5° Délivrance aux usages.

6° Chauffage du garde (façon, transport compris).

7° Droit fixe de certificateur de caution, 2ᶠ 20.

8° On réduit de ce reste, tant p. %, pour droits d'enregistrement, décime, etc., 1 1/2 pour frais d'adjudication.

La différence indique la valeur nette de la coupe.

CHAPITRE III

DIFFÉRENTS MODES D'ADJUDICATION DES PRODUITS

I

Coupes vendues sur pied.

Les coupes ordinaires sont vendues sur pied et en bloc, leur estimation a lieu, comme nous l'avons dit plus haut. Mais dans les coupes d'amélioration, le balivage et le martelage ne sauraient être appliqués indistinctement. On comprend que les brins des perchis ne pourraient supporter sans danger l'empreinte du marteau ; on a donc dû songer à procéder d'une autre manière.

Dans certaines localités, on pratique un griffage sur les bois à livrer à l'exploitation ou sur les brins réservés, et l'on vend en bloc sur pied, suivant le mode ordinaire. Il est facile de comprendre combien une semblable manière d'opérer est vicieuse, ou même dangereuse.

La marque faite à la griffe n'est pas l'empreinte du marteau, et l'adjudicataire a tout intérêt à faire disparaître cette marque, si on a balivé en réserve, ou plus simplement à opérer lui-même un nouveau griffage, si le balivage est en délivrance.

D'un autre côté il est bien difficile, même à un bon opérateur, de désigner complétement les brins domi- nés on inutiles, dans une opération faite rapidement et en une seule fois.

II

Coupes, par économie, par entreprise au rabais.

On a pratiqué un mode d'exploitation, dit par éco- nomie.

Le mode par économie ordinaire consiste à faire faire l'exploitation par des ouvriers payés à la journée ou par unités de marchandises, sous la surveillance et la responsabilité des agents forestiers. Ce qui per- met de revenir plusieurs fois sur le même point, afin de désigner à l'abattage les brins oubliés dans une première opération.

Mais le plus généralement suivi est le mode par entreprise au rabais. On met en adjudication l'exploi- tation d'une coupe sur des prix de façon déterminés pour chaque unités de marchandises, détaillées sur l'affiche.

Ce sont ces prix qui servent de point de départ aux rabais dont l'état est fixé d'avance. L'entrepreneur se charge de l'abattage, de l'exploitation et de la fa- brication.

On comprend que dans cette manière d'opérer, on puisse se contenter d'un simple griffage des bois à enlever; on pourra ainsi, en revenant plusieurs fois, atteindre les bois secs et dépérissants, les bois dominés, ou même les bois bien venants, inutiles et surabondants, dont l'enlèvement n'empêche pas le massif de rester complet.

Ce mode offre aussi quelques inconvénients, non-seulement au point de vue de l'exploitation, mais aussi à celui de la vente.

Ainsi il exige de la part du propriétaire, État, commune ou établissement public, une première mise de fonds souvent assez considérable. Il ne permet le débit des bois qu'en un nombre restreint de marchandises d'usage général, et par suite de donner une valeur inférieure à celle que pourrait en retirer un commerçant; et aussi de n'être à la portée que d'un petit nombre de marchands qui spéculent sur une vente forcée pour acheter à bas prix. On a introduit un nouveau mode de procéder dans lequel la plupart de ces inconvénients sont évités.

III

Coupe vendue sur pied à l'unité de produits façonnés.

Il est facile dans une coupe donnée de ramener,

au moyen de facteurs de conversion, toutes les marchandises fabriquées à une unité, le stère, par exemple, que l'on prend pour type ; on peut dresser pour cette coupe un tableau des divers produits comparés au stère, et mettre en vente les bois sur pied en prenant l'unité pour base.

Il est même impossible de faire l'abattage par économie, et payer les ouvriers directement sur un crédit demandé pour cet objet. L'adjudicataire n'est ainsi chargé que du façonnage des produits, après complet abattage, sous la surveillance du chef de cantonnement.

L'acheteur n'est ainsi tenu qu'à fabriquer des produits en marchandises fixées par le tableau. Il lui est laissé, bien entendu, une certaine latitude dans ces limites.

On voit que l'opération du choix des brins qui doivent tomber, est faite dans toutes les conditions de bonne réussite, au point de vue cultural ; le débit se fait de la même manière d'une façon avantageuse au point de vue des intérêts du trésor. Il est laissé au choix de l'agent forestier de désigner les arbres ou portions d'arbres qui devront donner du bois d'œuvre.

Le prix total de la coupe est déterminé à la suite du façonnage par un dénombrement contradictoire, fixant la quantité de chaque espèce de marchandises fabriquées, auxquelles il ne reste plus qu'à appliquer les prix d'adjudication, résultant du prix de l'unité. C'est ce total de la valeur de la coupe qui sert à estimer les frais.

On a modifié ce système, et l'on en attend les meilleurs résultats, en établissant plusieurs types qui rendent les appréciations plus faciles, surtout de la part des acheteurs. Ainsi dans une coupe de nettoiement où l'on doit enlever quelques vieux arbres, il est bien naturel de faire un prix pour l'unité en bois d'œuvre, et un autre pour l'unité en bois de feu, et ramener tous les produits à ces deux types d'après leur nature et leurs qualités. La mise en adjudication sur deux prix n'offre pas plus de difficultés que sur un seul, et les marchands de bois peuvent, à la suite d'une estimation préalable en forêt, se rendre compte de ce qu'ils achètent.

La concurrence est excitée, et la vente a lieu en général dans de meilleures conditions.

Enfin le travail des agents en est simplifié, tout en évitant les causes d'erreurs qu'entraine la comparaison de produits souvent fort dissemblables, et dont les prix relatifs peuvent varier dans des délais parfois très-courts.

EXPLICATION

DES TABLES DE CUBAGE

TABLES I, II, III, IV, V,

Dans la première colonne on a inscrit les circonférences de deux en deux centimètres, dans la seconde
les diamètres théoriques correspondants. Les neuf
colonnes suivantes correspondent aux hauteurs depuis 1 jusqu'à 9, et l'on a inscrit dans chacune d'elles
les volumes déterminés au moyen de ces deux données.

Comme on le voit, ces tables sont à double entrée,
la colonne horizontale supérieure donnant les hauteurs, et la première colonne verticale les circonférences.

On a établi séparément chacune de ces tables. La
première donne le volume cylindrique, et sert pour
le cubage des bois en grume, ou ronds; la seconde
sert pour le calcul des volumes au quart sans déduction; la troisieme donne les volumes au sixième déduit, et la quatriéme au cinquième déduit. La table
cinq sert à déterminer le volume des cônes d'un mètre de hauteur.

Nous avons cru inutile de former des tables pour les volumes tronconiques, car avec ces dernières une simple soustraction suffit pour les obtenir.

Si l'on veut déterminer le volume cylindrique d'un arbre, ayant 2ᵐ 50 de circonférence au milieu, et 23ᵐ 40 de hauteur, on procédera ainsi :

Pour une circonférence de 2ᵐ 50, et 20ᵐ de hauteur, le volume est de.   9,947180

Pour la même circonférence et 3ᵐ de hauteur, le volume est de.   1,492078

Enfin pour la même circonférence et 0ᵐ 40ᶜ· de hauteur, le volume est de.   0,198844

Volume total. . . .   11,638102

On opère comme si on avait à cuber trois volumes cylindriques de même circonférence, et de hauteurs différentes. Les volumes qui correspondent à des hauteurs multiples de 10 s'obtiennent par un simple déplacement de la virgule à droite; et ceux relatifs aux sons multiples, par un déplacement à gauche.

Il serait aussi facile d'obtenir le volume du même arbre avec les tables suivantes, le calcul employé étant le même et n'offrant aucune difficulté. Cependant, avec les tables donnant les volumes coniques, il y aura lieu de faire une multiplication par le nombre exprimant la hauteur.

TABLE VI.

Cette table sert à obtenir les volumes des pièces équarries, connaissant le côté d'équarrissage des pièces quadrangulaires ou à base carrée. Elle est établie de cinq millimètres en cinq millimètres, et ne donne le volume que pour un mètre de longueur. Par suite on devra multiplier la valeur ainsi donnée par la longueur de la pièce.

Les trois premières colonnes contiennent les circonférences au 1/4, au 1/6 et au 1/5, qui correspondent aux côtés d'équarrissage, ce qui permet de déterminer à première vue sur un bois en grume ou rond ces côtés, connaissant la circonférence.

On peut aussi se servir de cette table pour cuber les bois équarris à base de rectangle, il suffira de prendre la demi-somme du grand et du petit côté adjacent, chercher le volume correspondant, puis prendre la demi-différence de ces mêmes côtés, trouver le cube qui correspond, et le retrancher du premier volume, cette différence sera l'expression du volume cherché.

Ainsi une pièce rectangulaire a 0ᵐ 30ᶜ sur 0ᵐ40ᶜ, la demi-somme est 0ᵐ 35ᶜ, dont le volume

est . . . .   0ᵐ·ᶜ· 122500

La demi-différence est 0ᵐ 05ᶜ, dont le volume est . . . .   0ᵐ·ᶜ· 002500

Le cube cherché est.   0ᵐ·ᶜ· 120000

TABLE VII.

Ces tables servent à passer des mètres cubes en grume ou bois ronds, aux mètres cubes au 1/4 sans déduction, au 1/6 et au 1/5 déduits et réciproquement. La première donne tous les autres volumes en fonction des mètres cubes en grume ; la deuxième donne le mètre cube au 1/4 comme terme de comparaison ; la troisième le mètre cube au 1/6 et la quatrième le mètre cube au 1/5.

On se sert de ces tables comme des tarifs de cubage.

Exemple : On demande le nombre de mètres cubes au 1/4 sans déduction qui correspondent à 35ᵐ·ᶜ· 500 au 1/6 déduit.

La table troisième permet d'établir le calcul ainsi :

30^{m.c.} au 1/6 déduit corresp. à 43^{m.c.}200 au 1/4

5^{m.c.} id. id. à 7 200 au 1/4

0^{m.c.} 500 id. id. à 0 720 au 1/4

Total . . . . . 51^{m.c.} 120

On emploiera avec la même facilité les autres tables pour passer d'un procédé quelconque de cubage à un des trois autres.

Ces tables permettent aussi de trouver les prix du mètre cube à un quelconque des procédés, étant donné le prix de l'un d'eux.

Car si un mètre cube au 1/4 vaut, par exemple, 1 fr., comme d'un mètre cube en grume, on ne retire que 0^{m.c.} 785 au 1/4, il s'ensuit que comparativement ce second volume sera seulement de 0 fr. 785.

Exemple : Le mètre cube au 1/4 étant estimé à 32 fr. 50 c., on demande la valeur correspondante du mètre cube en grume.

On trouve dans la 1re table que :

Pour un volume au 1/4 valant 30 fr., la valeur en grume est de . . . . 23 fr. 56

Pour un volume au 1/4 valant 5 fr., celle en grume est de . . . . 1 fr. 57

Pour un volume au 1/4 valant 0 fr. 50, celle en grume est de . . . . 0 fr. 39

Total . . . . 25 fr. 52

Ainsi 25 fr. 52 c. est donc la valeur du mètre cube en grume, quand celle du mètre cube au 1/4 est de 32 fr. 50 c.

Il suffira, en général, pour trouver la valeur du mètre cube par un des procédés indiqués, en fonction de la valeur d'un quelconque, d'employer la table d'après les autres modes de cubage, dressée par rapport à ce premier pris pour comparaison. La table I, si on cherche la valeur du mètre cube en grume, la table II pour celle du mètre cube au 1/4, et ainsi de suite.

TABLE VIII.

POUR CONVERTIR LES MESURES ANCIENNES EN NOUVELLES, ET RÉCIPROQUEMENT

On s'en servira comme de celles qui précèdent.

TABLE I

POUR CUBER COMME CYLINDRE LES BOIS EN GRUME
ET LES BOIS RONDS

Circonférences.	Diamètres.	HAUTEURS								
		1	2	3	4	5	6	7	8	9
0,10	0,032	0,0008	0,0016	0,0024	0,0032	0,0040	0,0048	0,0056	0,0064	0,0072
12	0,038	0,0011	0,0023	0,0034	0,0046	0,0057	0,0069	0,0080	0,0092	0,0103
14	0,045	0,0016	0,0031	0,0047	0,0062	0,0078	0,0094	0,0109	0,0125	0,0140
16	0,051	0,0020	0,0041	0,0061	0,0081	0,0102	0,0122	0,0143	0,0163	0,0183
18	0,057	0,0026	0,0052	0,0077	0,0103	0,0129	0,0155	0,0180	0,0206	0,0232
0,20	0,064	0,0032	0,0064	0,0095	0,0127	0,0159	0,0191	0,0223	0,0255	0,0286
22	0,070	0,0039	0,0077	0,0116	0,0154	0,0193	0,0231	0,0270	0,0308	0,0347
24	0,076	0,0046	0,0092	0,0138	0,0183	0,0229	0,0275	0,0321	0,0367	0,0443
26	0,083	0,0054	0,0108	0,0161	0,0215	0,0269	0,0323	0,0377	0,0430	0,0484
28	0,089	0,0062	0,0125	0,0187	0,0250	0,0312	0,0374	0,0437	0,0499	0,0561
0,30	0,095	0,0072	0,0143	0,0215	0,0286	0,0358	0,0430	0,0501	0,0573	0,0645
32	0,102	0,0081	0,0163	0,0244	0,0326	0,0407	0,0489	0,0570	0,0652	0,0733
34	0,108	0,0092	0,0184	0,0276	0,0368	0,0460	0,0552	0,0644	0,0736	0,0828
36	0,115	0,0103	0,0206	0,0309	0,0413	0,0516	0,0619	0,0722	0,0825	0,0928
38	0,121	0,0115	0,0230	0,0345	0,0460	0,0575	0,0689	0,0804	0,0919	0,1034
0,40	0,127	0,0127	0,0255	0,0382	0,0509	0,0637	0,0764	0,0891	0,1019	0,1146
42	0,134	0,0140	0,0281	0,0421	0,0561	0,0702	0,0842	0,0983	0,1123	0,1263
44	0,140	0,0154	0,0308	0,0462	0,0616	0,0770	0,0924	0,1078	0,1232	0,1387

46	0,146	0,0168	0,0337	0,0505	0,0674	0,0842	0,1010	0,1179	0,1347	0,1515
48	0,153	0,0183	0,0367	0,0550	0,0733	0,0917	0,1100	0,1283	0,1467	0,1650
0,50	0,159	0,0199	0,0398	0,0596	0,0796	0,0995	0,1194	0,1393	0,1592	0,1790
52	0,166	0,0215	0,0430	0,0646	0,0861	0,1076	0,1291	0,1506	0,1721	0,1937
54	0,172	0,0232	0,0464	0,0696	0,0928	0,1160	0,1392	0,1624	0,1856	0,2088
56	0,178	0,0250	0,0499	0,0749	0,0998	0,1248	0,1497	0,1747	0,1996	0,2246
58	0,185	0,0268	0,0535	0,0803	0,1071	0,1338	0,1606	0,1874	0,2142	0,2409
0,60	0,191	0,0286	0,0573	0,0859	0,1146	0,1432	0,1709	0,2005	0,2292	0,2578
62	0,197	0,0306	0,0612	0,0918	0,1224	0,1529	0,1835	0,2141	0,2447	0,2753
64	0,204	0,0326	0,0652	0,0978	0,1304	0,1630	0,1956	0,2282	0,2608	0,2934
66	0,210	0,0347	0,0693	0,1040	0,1387	0,1733	0,2080	0,2426	0,2773	0,3120
68	0,216	0,0368	0,0736	0,1104	0,1472	0,1840	0,2208	0,2576	0,2944	0,3312
0,70	0,223	0,0390	0,0780	0,1170	0,1560	0,1950	0,2340	0,2730	0,3119	0,3509
72	0,229	0,0413	0,0825	0,1238	0,1650	0,2063	0,2475	0,2888	0,3300	0,3713
74	0,236	0,0436	0,0872	0,1307	0,1743	0,2179	0,2615	0,3050	0,3486	0,3922
76	0,242	0,0460	0,0919	0,1379	0,1839	0,2298	0,2758	0,3217	0,3677	0,4137
78	0,248	0,0484	0,0968	0,1452	0,1937	0,2421	0,2905	0,3389	0,3873	0,4357
0,80	0,255	0,0509	0,1019	0,1528	0,2037	0,2546	0,3056	0,3565	0,4074	0,4584
82	0,261	0,0535	0,1070	0,1605	0,2140	0,2675	0,3210	0,3746	0,4281	0,4816
84	0,267	0,0562	0,1123	0,1684	0,2246	0,2807	0,3369	0,3930	0,4492	0,5053
86	0,274	0,0589	0,1177	0,1766	0,2354	0,2943	0,3531	0,4120	0,4708	0,5297
88	0,280	0,0616	0,1232	0,1849	0,2465	0,3081	0,3697	0,4314	0,4930	0,5546
0,90	0,286	0,0645	0,1289	0,1934	0,2578	0,3223	0,3867	0,4512	0,5157	0,5801
92	0,293	0,0674	0,1347	0,2021	0,2694	0,3368	0,4041	0,4715	0,5388	0,6062
94	0,299	0,0703	0,1406	0,2109	0,2813	0,3516	0,4219	0,4922	0,5625	0,6328

Circonférences.	Diamètres.	HAUTEURS								
		1	2	3	4	5	6	7	8	9
0,96	0,306	0,0733	0,1467	0,2200	0,2934	0,3667	0,4400	0,5134	0,5867	0,6600
0,98	0,312	0,0764	0,1529	0,2293	0,3057	0,3821	0,4586	0,5350	0,6114	0,6878
1,00	0,318	0,0796	0,1592	0,2387	0,3183	0,3979	0,4775	0,5570	0,6366	0,7162
1,02	0,325	0,0828	0,1656	0,2484	0,3312	0,4140	0,4968	0,5795	0,6623	0,7451
1,04	0,331	0,0861	0,1721	0,2582	0,3443	0,4304	0,5164	0,6025	0,6886	0,7746
1,06	0,337	0,0894	0,1788	0,2682	0,3577	0,4471	0,5365	0,6259	0,7153	0,8047
1,08	0,344	0,0928	0,1856	0,2785	0,3713	0,4641	0,5569	0,6497	0,7426	0,8354
1,10	0,350	0,0963	0,1926	0,2889	0,3852	0,4814	0,5577	0,6740	0,7703	0,8666
1,12	0,357	0,0998	0,1996	0,2995	0,3993	0,4991	0,5989	0,6988	0,7986	0,8984
1,14	0,363	0,1034	0,2068	0,3103	0,4137	0,5171	0,6205	0,7239	0,8274	0,9308
1,16	0,369	0,1071	0,2142	0,3212	0,4283	0,5354	0,6425	0,7496	0,8566	0,9637
1,18	0,376	0,1108	0,2216	0,3224	0,4432	0,5540	0,6648	0,7756	0,8864	0,9972
1,20	0,382	0,1146	0,2292	0,3438	0,4584	0,5730	0,6875	0,8021	0,9167	1,0313
1,22	0,388	0,1184	0,2369	0,3553	0,4738	0,5922	0,7107	0,8291	0,9475	1,0660
1,24	0,395	0,1224	0,2447	0,3671	0,4894	0,6118	0,7341	0,8565	0,9789	1,1012
1,26	0,401	0,1263	0,2527	0,3790	0,5053	0,6317	0,7580	0,8844	1,0107	1,1370
1,28	0,407	0,1304	0,2608	0,3911	0,5215	0,6519	0,7823	0,9127	1,0430	1,1734
1,30	0,414	0,1345	0,2690	0,4035	0,5379	0,6724	0,8069	0,9444	1,0759	1,2104

1,32	0,420	0,1387	0,2773	0,4160	0,5546	0,6933	0,8319	0,9706	1,1092	1,2479
1,34	0,427	0,1429	0,2858	0,4287	0,5716	0,7144	0,8573	1,0002	1,1431	1,2860
1,36	0,433	0,1472	0,2944	0,4416	0,5887	0,7359	0,8831	1,0303	1,1775	1,3247
1,38	0,439	0,1515	0,3031	0,4546	0,6062	0,7577	0,9093	1,0608	1,2124	1,3639
1,40	0,446	0,1560	0,3119	0,4679	0,6239	0,7799	0,9358	1,0918	1,2478	1,4037
1,42	0,452	0,1605	0,3209	0,4814	0,6418	0,8023	0,9628	1,1232	1,2837	1,4441
1,44	0,458	0,1650	0,3300	0,4950	0,6600	0,8251	0,9901	1,1551	1,3201	1,4851
1,46	0,465	0,1696	0,3393	0,5089	0,6785	0,8481	1,0178	1,1874	1,3570	1,5266
1,48	0,471	0,1743	0,3486	0,5229	0,6972	0,8715	1,0458	1,2201	1,3945	1,5688
1,50	0,477	0,1790	0,3581	0,5371	0,7162	0,8953	1,0743	1,2533	1,4324	1,6114
1,52	0,484	0,1839	0,3677	0,5516	0,7354	0,9193	1,1031	1,2870	1,4708	1,6547
1,54	0,490	0,1887	0,3775	0,5662	0,7549	0,9436	1,1324	1,3211	1,5098	1,6985
1,56	0,497	0,1937	0,3873	0,5810	0,7746	0,9683	1,1620	1,3556	1,5493	1,7429
1,58	0,503	0,1987	0,3973	0,5960	0,7946	0,9933	1,1919	1,3906	1,5893	1,7879
1,60	0,509	0,2037	0,4074	0,6112	0,8149	1,0186	1,2223	1,4260	1,6297	1,8335
1,62	0,516	0,2088	0,4177	0,6265	0,8354	1,0442	1,2531	1,4619	1,6707	1,8796
1,64	0,522	0,2140	0,4281	0,6421	0,8561	1,0702	1,2842	1,4982	1,7123	1,9263
1,66	0,528	0,2193	0,4386	0,6579	0,8771	1,0964	1,3157	1,5350	1,7543	1,9736
1,68	0,535	0,2246	0,4492	0,6738	0,8984	1,1230	1,3476	1,5722	1,7968	2,0214
1,70	0,541	0,2300	0,4600	0,6899	0,9199	1,1499	1,3799	1,6099	1,8398	2,0698
1,72	0,547	0,2354	0,4708	0,7063	0,9417	1,1771	1,4125	1,6480	1,8834	2,1188
1,74	0,554	0,2409	0,4819	0,7228	0,9637	1,2046	1,4456	1,6865	1,9274	2,1684
1,76	0,560	0,2465	0,4930	0,7395	0,9860	1,2325	1,4790	1,7255	1,9720	2,2185
1,78	0,567	0,2521	0,5043	0,7564	1,0085	1,2607	1,5128	1,7649	2,0171	2,2692
1,80	0,573	0,2578	0,5157	0,7735	1,0313	1,2892	1,5470	1,8048	2,0626	2,3205

Circonférences.	Diamètres.	HAUTEURS								
		1	2	3	4	5	6	7	8	9
1,82	0,579	0,2636	0,5272	0,7908	1,0544	1,3180	1,5816	1,8451	2,1087	2,3723
1,84	0,586	0,2694	0,5388	0,8083	1,0777	1,3471	1,6165	1,8859	2,1553	2,4248
1,86	0,592	0,2753	0,5506	0,8259	1,1012	1,3765	1,6518	1,9271	2,2024	2,4778
1,88	0,598	0,2813	0,5625	0,8438	1,1250	1,4063	1,6876	1,9688	2,2501	2,5313
1,90	0,605	0,2873	0,5745	0,8618	1,1491	1,4364	1,7236	2,0109	2,2982	2,5855
1,92	0,611	0,2934	0,5867	0,8801	1,1734	1,4668	1,7601	2,0535	2,3468	2,6402
1,94	0,618	0,2995	0,5990	0,8985	1,1980	1,4975	1,7970	2,0965	2,3960	2,6955
1,96	0,624	0,3057	0,6114	0,9171	1,2228	1,5285	1,8342	2,1399	2,4456	2,7513
1,98	0,630	0,3120	0,6240	0,9359	1,2479	1,5599	1,8719	2,1838	2,4958	2,8078
2,00	0,636	0,3183	0,6366	0,9549	1,2732	1,5916	1,9099	2,2282	2,5465	2,8648
2,02	0,643	0,3247	0,6494	0,9741	1,2988	1,6235	1,9482	2,2730	2,5977	2,9224
2,04	0,649	0,3312	0,6623	0,9935	1,3247	1,6558	1,9870	2,3182	2,6494	2,9805
2,06	0,656	0,3377	0,6754	1,0131	1,3508	1,6885	2,0262	2,3639	2,7016	3,0393
2,08	0,662	0,3443	0,6886	1,0329	1,3771	1,7214	2,0657	2,4100	2,7543	3,0986
2,10	0,668	0,3509	0,7019	1,0528	1,4037	1,7547	2,1056	2,4566	2,8075	3,1584
2,12	0,675	0,3577	0,7153	1,0730	1,4306	1,7883	2,1459	2,5036	2,8612	3,2189
2,14	0,681	0,3644	0,7289	1,0933	1,4577	1,8222	2,1866	2,5510	2,9155	3,2799
2,16	0,688	0,3713	0,7426	1,1138	1,4851	1,8564	2,2277	2,5989	2,9702	3,3415

2,18	0,694	0,3782	0,7564	1,1346	1,5127	1,8909	2,2691	2,6473	3,0255	3,4037
2,20	0,700	0,3852	0,7703	1,1555	1,5406	1,9258	2,3109	2,6981	3,0812	3,4664
2,22	0,707	0,3922	0,7844	1,1766	1,5688	1,9609	2,3531	2,7453	3,1375	3,5297
2,24	0,713	0,3993	0,7986	1,1979	1,5972	1,9964	2,3957	2,7950	3,1943	3,5936
2,26	0,719	0,4064	0,8129	1,2193	1,6258	2,0322	2,4387	2,8451	3,2516	3,6580
2,28	0,726	0,4137	0,8274	1,2410	1,6547	2,0684	2,4821	3,8957	3,3094	3,7231
2,30	0,732	0,4210	0,8419	1,2629	1,6839	2,1048	2,5258	2,9468	3,3677	3,7887
2,32	0,739	0,4283	0,8566	1,2850	1,7133	2,1416	2,5699	2,9982	3,4265	3,8549
2,34	0,745	0,4357	0,8715	1,3072	1,7429	2,1787	2,6144	3,0501	3,4859	3,9216
2,36	0,751	0,4432	0,8864	1,3296	1,7729	2,2161	2,6593	3,1025	3,5457	3,9889
2,38	0,758	0,4508	0,9015	1,3523	1,8030	2,2538	2,7046	3,1553	3,6061	4,0568
2,40	0,764	0,4584	0,9167	1,3751	1,8335	2,2918	2,7502	3,2086	3,6669	4,1253
2,42	0,770	0,4660	0,9321	1,3981	1,8641	2,3302	2,7962	3,2623	3,7283	4,1943
2,44	0,783	0,4738	0,9475	1,4213	1,8951	2,3689	2,8426	3,3164	3,7902	4,2640
2,46	0,787	0,4816	0,9631	1,4447	1,9263	2,4079	2,8894	3,3710	3,8526	4,3341
2,48	0,789	0,4894	0,9789	1,4683	1,9577	2,4472	2,9366	3,4260	3,9155	4,4049
2,50	0,796	0,4974	0,9947	1,4921	1,9894	2,4868	2,9842	3,4815	3,9789	4,4762
2,52	0,802	0,5053	1,0107	1,5160	2,0214	2,5267	3,0324	3,5374	4,0428	4,5481
2,54	0,809	0,5134	1,0268	1,5402	2,0536	2,5670	3,0804	3,5938	4,1072	4,6206
2,56	0,815	0,5215	1,0430	1,5646	2,0861	2,6076	3,1294	3,6306	4,1722	4,6937
2,58	0,821	0,5297	1,0594	1,5891	2,1188	2,6485	3,1782	3,7079	4,2376	4,7673
2,60	0,828	0,5379	1,0759	1,6138	2,1518	2,6897	3,2277	3,7656	4,3035	4,8415
2,62	0,834	0,5463	1,0925	1,6388	2,1850	2,7313	3,2775	3,8238	4,3700	4,9163
2,64	0,840	0,5546	1,1092	1,6639	2,2185	2,7731	3,3277	3,8824	4,4370	4,9916
2,66	0,847	0,5631	1,1261	1,6892	2,2522	2,8153	3,3783	3,9414	4,5045	5,0675

Circonférences.	Diamètres.	HAUTEURS								
		1	2	3	4	5	6	7	8	9
2,68	0,853	0,5716	1,1431	1,7147	2,2862	2,8578	3,4293	4,0009	4,5725	5,1440
2,70	0,859	0,5801	1,1602	1,7404	2,3205	2,9006	3,4807	4,0608	4,6410	5,2211
2,72	0,866	0,5887	1,1775	1,7663	2,3550	2,9437	3,5325	4,1212	4,7100	5,2987
2,74	0,872	0,5974	1,1949	1,7923	2,3897	2,9872	3,5846	4,1821	4,7795	5,3769
2,76	0,879	0,6062	1,2124	1,8186	2,4248	3,0309	3,6371	4,2433	4,8495	5,4557
2,78	0,885	0,6150	1,2300	1,8450	2,4600	3,0750	3,6900	4,3050	4,9201	5,5351
2,80	0,891	0,6239	1,2478	1,8717	2,4956	3,1194	3,7433	4,3672	4,9911	5,6150
2,82	0,898	0,6328	1,2657	1,8985	2,5313	3,1642	3,7970	4,4298	5,0627	5,6955
2,84	0,904	0,6418	1,2837	1,9255	2,5674	3,2092	3,8510	4,4929	5,1347	5,7766
2,86	0,910	0,6509	1,3018	1,9527	2,6036	3,2546	3,9055	4,5564	5,2073	5,8582
2,88	0,917	0,6600	1,3201	1,9801	2,6402	3,3002	3,9603	4,6203	5,2804	5,9404
2,90	0,923	0,6692	1,3385	2,0077	2,6770	3,3462	4,0155	4,6847	5,3540	6,0232
2,92	0,929	0,6785	1,3570	2,0355	2,7140	3,3925	4,0711	4,7496	5,4281	6,1066
2,94	0,936	0,6878	1,3757	2,0635	2,7513	3,4392	4,1270	4,8149	5,5027	6,1905
2,96	0,942	0,6972	1,3945	2,0917	2,7889	3,4861	4,1834	4,8806	5,5778	6,2750
2,98	0,949	0,7067	1,4134	2,1200	2,8267	3,5334	4,2401	4,9468	5,6534	6,3601
3,00	0,955	0,7162	1,4324	2,1486	2,8648	3,5810	4,2972	5,0134	5,7296	6,4458
3,02	0,961	0,7258	1,4516	2,1773	2,9031	3,6289	4,3547	5,0804	5,8062	6,5320

3,04	0,968	0,7354	1,4708	2,2063	2,9417	3,6771	4,4125	5,1480	5,8834	6,6188
3,06	0,974	0,7451	1,4903	2,2354	2,9805	3,7257	4,4708	5,2159	5,9611	6,7062
3,08	0,980	0,7549	1,5098	2,2647	3,0196	3,7745	4,5294	5,2843	6,0392	6,7941
3,10	0,987	0,7647	1,5295	2,2942	3,0590	3,8237	4,5884	5,3532	6,1179	6,8827
3,12	0,993	0,7746	1,5493	2,3239	3,0986	3,8732	4,6478	5,4225	6,1971	6,9718
3,14	1,000	0,7846	1,5692	3,3538	3,1384	3,9230	4,7076	5,4922	6,2768	7,0614
3,16	1,006	0,7946	1,5893	2,3839	3,1785	3,9731	4,7678	5,5624	6,3570	7,1517
3,18	1,012	0,8047	1,6094	2,4142	3,2189	4,0236	4,8283	5,6330	6,4378	7,2425
3,20	1,018	0,8149	1,6297	2,4446	3,2595	4,0744	4,8892	5,7041	6,5190	7,3339
3,22	1,025	0,8251	1,6502	2,4753	3,3004	4,1255	4,9505	5,7756	6,6007	7,4258
3,24	1,031	0,8354	1,6707	2,5061	3,3415	4,1769	5,0122	5,8476	6,6830	7,5184
3,26	1,038	0,8457	1,6914	2,5372	3,3829	4,2286	5,0743	5,9200	6,7617	7,6115
3,28	1,044	0,8561	1,7123	2,5684	3,4245	4,2806	5,1368	5,9929	6,8490	7,7051
3,30	1,051	0,8666	1,7332	2,5998	3,4664	4,3330	5,1996	6,0662	6,9328	7,7994
3,32	1,057	0,8771	1,7543	2,6314	3,5085	4,3857	5,2628	6,1399	7,0171	7,8942
3,34	1,063	0,8877	1,7755	2,6632	3,5509	4,4387	5,3264	6,2141	7,1019	7,9896
3,36	1,070	0,8984	1,7968	2,6952	3,5936	4,4920	5,3904	6,2888	7,1872	8,0856
3,38	1,076	0,9091	1,8182	2,7274	3,6365	4,5456	5,4547	6,3639	7,2730	8,1821
3,40	1,082	0,9199	1,8398	2,7597	3,6797	4,5996	5,5195	6,4394	7,3593	8,2792
3,42	1,089	0,9308	1,8615	2,7923	3,7231	4,6539	5,5846	6,5154	7,4462	8,3769
3,44	1,095	0,9417	1,8834	2,8251	3,7668	4,7084	5,6501	6,5918	7,5335	8,4752
3,46	1,101	0,9527	1,9053	2,8580	3,8107	4,7633	5,7160	6,6687	7,6214	8,5740
3,48	1,108	0,9637	1,9274	2,8911	3,8549	4,8186	5,7823	6,7460	7,7097	8,6734
3,50	1,114	0,9748	1,9496	2,9245	3,8993	4,8741	5,8489	6,8238	7,7986	8,7734
3,52	1,120	0,9860	1,9720	2,9580	3,9440	4,9300	5,9160	6,9020	7,8880	8,8740

Circonférences.	Diamètres.	HAUTEURS								
		1	2	3	4	5	6	7	8	9
3,54	1,127	0,9972	1,9945	2,9917	3,9889	4,9862	5,9834	6,9806	7,9779	8,9751
3,56	1,133	1,0085	2,0171	3,0256	4,0341	5,0427	6,0512	7,0597	8,0683	9,0768
3,58	1,140	1,0199	2,0398	3,0597	4,0796	5,0995	6,1194	7,1393	8,1592	9,1791
3,60	1,146	1,0313	2,0626	3,0940	4,1253	5,1566	6,1879	7,2193	8,2506	9,2819
3,62	1,152	1,0428	2,0856	3,1284	4,1713	5,2141	6,2569	7,2997	8,3425	9,3853
3,64	1,159	1,0544	2,1087	3,1631	4,2175	5,2718	6,3262	7,3806	8,4350	9,4893
3,66	1,165	1,0660	2,1320	3,1980	4,2640	5,3299	6,3959	7,4619	8,5279	9,5939
3,68	1,171	1,0777	2,1553	3,2330	4,3107	5,3883	6,4660	7,5437	8,6214	9,6990
3,70	1,178	1,0894	2,1788	3,2682	4,3577	5,4471	6,5365	7,6259	8,7153	9,8047
3,72	1,184	1,1012	2,2024	3,3037	4,4049	5,5061	6,6073	7,7086	8,8098	9,9110
3,74	1,190	1,1131	2,2262	3,3393	4,4524	5,5655	6,6786	7,7917	8,9048	10,0179
3,76	1,197	1,1250	2,2501	3,3751	4,5001	5,6252	6,7502	7,8752	9,0003	10,1253
3,78	1,203	1,1370	2,2741	3,4111	4,5481	5,6852	6,8222	7,9592	9,0963	10,2333
3,80	1,210	1,1491	2,2982	3,4473	4,5964	5,7455	6,8946	8,0437	9,1928	10,3419
3,82	1,216	1,1612	2,3225	3,4837	4,6449	5,8061	6,9674	8,1286	9,2898	10,4510
3,84	1,222	1,1734	2,3468	3,5203	4,6937	5,8671	7,0405	8,2139	9,3873	10,5608
3,86	1,229	1,1857	2,3713	3,5570	4,7427	5,9284	7,1140	8,2997	9,4854	10,6711
3,88	1,235	1,1980	2,3960	3,5940	4,7920	5,9900	7,1879	8,3859	9,5839	10,7819

3,90	1,241	1,2104	2,4207	3,6311	4,8415	6,0519	7,2622	8,4726	9,6830	10,8934
3,92	1,248	1,2228	2,4456	3,6685	4,8913	6,1141	7,3369	8,5597	9,7826	11,0054
3,94	1,254	1,2353	2,4707	3,7060	4,9413	6,1766	7,4120	8,6473	9,8826	11,1180
3,96	1,261	1,2479	2,4958	3,7437	4,9916	6,2395	7,4874	8,7353	9,9832	11,2311
3,98	1,267	1,2605	2,5211	3,7816	5,0422	6,3027	7,5632	8,8238	10,0843	11,3449
4,00	1,273	1,2732	2,5465	3,8197	5,0930	6,3662	7,6394	8,9127	10,1859	11,4592
4,02	1,280	1,2860	2,5720	3,8580	5,1440	6,4300	7,7160	9,0020	10,2880	11,5740
4,04	1,286	1,2988	2,5977	3,8965	5,1953	6,4942	7,7930	9,0938	10,3907	11,6895
4,06	1,292	1,3117	2,6234	3,9352	5,2469	6,5287	7,8703	9,1821	10,4939	11,8055
4,08	1,299	1,3247	2,6494	3,9740	5,2987	6,6234	7,9481	9,2727	10,5973	11,9221
4,10	1,305	1,3377	2,6754	4,0131	5,3508	6,6885	8,0262	9,3639	10,7017	12,0393
4,12	1,312	1,3508	2,7016	4,0523	5,4031	6,7539	8,1047	9,4555	10,8063	12,1570
4,14	1,318	1,3639	2,7278	4,0918	5,4557	6,8196	8,1835	9,5475	10,9114	12,2753
4,16	1,324	1,3771	2,7543	4,1314	5,5085	6,8857	8,2628	9,6399	11,0171	12,3943
4,18	1,331	1,3904	2,7808	4,1742	5,5616	6,9520	8,3425	9,7329	11,1233	12,5137
4,20	1,337	1,4037	2,8075	4,2112	5,6150	7,0187	8,4225	9,8262	11,2300	12,6337

TABLE II

POUR CUBER LES BOIS AU $1/4$ SANS DÉDUCTION

Circonférences.	Diamètres.	HAUTEURS								
		1	2	3	4	5	6	7	8	9
0,10	0,032	0,0006	0,0012	0,0019	0,0025	0,0031	0,0037	0,0044	0,0050	0,0056
0,12	0,038	0,0009	0,0018	0,0027	0,0036	0,0045	0,0054	0,0063	0,0072	0,0081
0,14	0,045	0,0012	0,0024	0,0037	0,0049	0,0061	0,0073	0,0086	0,0098	0,0110
0,16	0,051	0,0016	0,0032	0,0048	0,0064	0,0080	0,0096	0,0112	0,0128	0,0144
0,18	0,057	0,0020	0,0040	0,0061	0,0081	0,0101	0,0121	0,0142	0,0162	0,0182
0,20	0,064	0,0025	0,0050	0,0075	0,0100	0,0125	0,0150	0,0175	0,0200	0,0225
0,22	0,070	0,0030	0,0060	0,0091	0,0121	0,0151	0,0181	0,0212	0,0242	0,0272
0,24	0,076	0,0036	0,0072	0,0108	0,0144	0,0180	0,0216	0,0252	0,0288	0,0324
0,26	0,083	0,0042	0,0084	0,0127	0,0169	0,0211	0,0253	0,0296	0,0338	0,0380
0,28	0,089	0,0049	0,0098	0,0147	0,0196	0,0245	0,0294	0,0343	0,0392	0,0441
0,30	0,095	0,0056	0,0112	0,0169	0,0225	0,0281	0,0337	0,0394	0,0450	0,0506
0,32	0,102	0,0064	0,0128	0,0192	0,0256	0,0320	0,0384	0,0448	0,0512	0,0576
0,34	0,108	0,0072	0,0144	0,0217	0,0289	0,0361	0,0433	0,0506	0,0578	0,0650
0,36	0,115	0,0081	0,0162	0,0243	0,0324	0,0405	0,0486	0,0567	0,0648	0,0729
0,38	0,121	0,0090	0,0180	0,0271	0,0361	0,0451	0,0541	0,0632	0,0722	0,0812
0,40	0,127	0,0100	0,0200	0,0300	0,0400	0,0500	0,0600	0,0700	0,0800	0,0900
0,42	0,134	0,0110	0,0220	0,0331	0,0441	0,0551	0,0661	0,0772	0,0882	0,0992
0,44	0,140	0,0121	0,0242	0,0363	0,0484	0,0605	0,0726	0,0847	0,0968	0,1089

0,46	0,146	0,0132	0,0264	0,0397	0,0529	0,0661	0,0793	0,0926	0,1058	0,1190
0,48	0,153	0,0144	0,0288	0,0432	0,0576	0,0720	0,0864	0,1008	0,1152	0,1296
0,50	0,159	0,0156	0,0312	0,0469	0,0625	0,0781	0,0937	0,1094	0,1250	0,1406
0,52	0,166	0,0169	0,0338	0,0507	0,0676	0,0845	0,1014	0,1183	0,1352	0,1521
0,54	0,172	0,0182	0,0364	0,0547	0,0729	0,0911	0,1093	0,1276	0,1458	0,1640
0,56	0,178	0,0196	0,0392	0,0588	0,0784	0,0980	0,1176	0,1372	0,1568	0,1764
0,58	0,185	0,0210	0,0420	0,0631	0,0841	0,1051	0,1261	0,1472	0,1682	0,1892
0,60	0,191	0,0225	0,0450	0,0675	0,0900	0,1125	0,1350	0,1575	0,1800	0,2025
0,62	0,197	0,0240	0,0480	0,0721	0,0961	0,1201	0,1441	0,1682	0,1922	0,2162
0,64	0,204	0,0256	0,0512	0,0768	0,1024	0,1280	0,1536	0,1792	0,2048	0,2304
0,66	0,210	0,0272	0,0544	0,0817	0,1089	0,1361	0,1633	0,1906	0,2178	0,2450
0,68	0,216	0,0289	0,0578	0,0867	0,1156	0,1445	0,1734	0,2023	0,2342	0,2601
0,70	0,223	0,0306	0,0612	0,0919	0,1225	0,1531	0,1837	0,2144	0,2450	0,2756
0,72	0,229	0,0324	0,0648	0,0972	0,1296	0,1620	0,1944	0,2268	0,2592	0,2916
0,74	0,236	0,0342	0,0684	0,1027	0,1369	0,1711	0,2053	0,2396	0,2738	0,3080
0,76	0,242	0,0361	0,0722	0,1083	0,1444	0,1805	0,2166	0,2527	0,2888	0,3249
0,78	0,248	0,0380	0,0760	0,1141	0,1521	0,1901	0,2281	0,2662	0,3042	0,3422
0,80	0,255	0,0400	0,0800	0,1200	0,1600	0,2000	0,2400	0,2800	0,3200	0,3600
0,82	0,264	0,0420	0,0840	0,1261	0,1681	0,2101	0,2521	0,2942	0,3362	0,3782
0,84	0,267	0,0444	0,0882	0,1323	0,1764	0,2205	0,2646	0,3087	0,3528	0,3969
0,86	0,274	0,0462	0,0924	0,1387	0,1849	0,2311	0,2773	0,3236	0,3698	0,4160
0,88	0,280	0,0484	0,0968	0,1452	0,1936	0,2420	0,2904	0,3388	0,3872	0,4356
0,90	0,286	0,0506	0,1012	0,1519	0,2025	0,2531	0,3037	0,3543	0,4050	0,4556
0,92	0,293	0,0529	0,1058	0,1587	0,2116	0,2645	0,3174	0,3703	0,4232	0,4761
0,94	0,299	0,0552	0,1104	0,1657	0,2209	0,2761	0,3313	0,3866	0,4418	0,4970

Circonférences.	Diamètres.	HAUTEURS								
		1	2	3	4	5	6	7	8	9
0,96	0,306	0,0576	0,1152	0,1728	0,2304	0,2880	0,3456	0,4032	0,4608	0,5184
0,98	0,312	0,0600	0,1200	0,1801	0,2401	0,3001	0,3601	0,4202	0,4802	0,5402
1,00	0,318	0,0625	0,1250	0,1875	0,2500	0,3125	0,3750	0,4375	0,5000	0,5625
1,02	0,325	0,0650	0,1300	0,1951	0,2601	0,3251	0,3901	0,4552	0,5202	0,5852
1,04	0,331	0,0676	0,1352	0,2028	0,2704	0,3380	0,4056	0,4732	0,5408	0,6084
1,06	0,337	0,0702	0,1404	0,2107	0,2809	0,3511	0,4213	0,4916	0,5618	0,6320
1,08	0,344	0,0729	0,1458	0,2187	0,2916	0,3645	0,4374	0,5103	0,5832	0,6561
1,10	0,350	0,0756	0,1512	0,2269	0,3025	0,3781	0,4537	0,5294	0,6050	0,6806
1,12	0,357	0,0784	0,1568	0,2352	0,3136	0,3920	0,4704	0,5488	0,6272	0,7056
1,14	0,363	0,0812	0,1624	0,2437	0,3249	0,4061	0,4873	0,5686	0,6498	0,7310
1,16	0,369	0,0841	0,1682	0,2523	0,3364	0,4205	0,5046	0,5887	0,6728	0,7569
1,18	0,376	0,0870	0,1740	0,2611	0,3481	0,4351	0,5221	0,6092	0,6962	0,7832
1,20	0,382	0,0900	0,1800	0,2700	0,3600	0,4500	0,5400	0,6300	0,7200	0,8100
1,22	0,388	0,0930	0,1860	0,2791	0,3721	0,4651	0,5581	0,6512	0,7442	0,8372
1,24	0,395	0,0961	0,1922	0,2883	0,3844	0,4805	0,5766	0,6727	0,7688	0,8649
1,26	0,401	0,0992	0,1984	0,2977	0,3969	0,4961	0,5953	0,6946	0,7938	0,8930
1,28	0,407	0,1024	0,2048	0,3072	0,4096	0,5120	0,6144	0,7168	0,8192	0,9216
1,30	0,414	0,1056	0,2112	0,3169	0,4225	0,5281	0,6337	0,7394	0,8450	0,9506

1,32	0,420	0,1089	0,2178	0,3267	0,4356	0,5445	0,6534	0,7623	0,8712	0,9801
1,34	0,427	0,1122	0,2244	0,3367	0,4489	0,5611	0,6733	0,7856	0,8978	1,0100
1,36	0,433	0,1156	0,2312	0,3468	0,4624	0,5780	0,6936	0,8092	0,9248	1,0404
1,38	0,439	0,1190	0,2380	0,3571	0,4761	0,5951	0,7141	0,8332	0,9522	1,0712
1,40	0,446	0,1225	0,2450	0,3675	0,4900	0,6125	0,7350	0,8575	0,9800	1,1025
1,42	0,452	0,1260	0,2520	0,3781	0,5041	0,6301	0,7561	0,8822	1,0082	1,1342
1,44	0,458	0,1296	0,2592	0,3888	0,5184	0,6480	0,7776	0,9072	1,0368	1,1664
1,46	0,465	0,1332	0,2664	0,3997	0,5329	0,6661	0,7993	0,9326	1,0658	1,1990
1,48	0,471	0,1369	0,2738	0,4107	0,5476	0,6845	0,8214	0,9583	1,0952	1,2321
1,50	0,477	0,1406	0,2812	0,4219	0,5625	0,7031	0,8437	0,9844	1,1250	1,2656
1,52	0,484	0,1444	0,2888	0,4332	0,5776	0,7220	0,8664	1,0108	1,1552	1,2996
1,54	0,490	0,1482	0,2964	0,4447	0,5929	0,7411	0,8893	1,0376	1,1858	1,3340
1,56	0,497	0,1521	0,3042	0,4563	0,6084	0,7605	0,9126	1,0647	1,2168	1,3689
1,58	0,503	0,1560	0,3120	0,4681	0,6241	0,7801	0,9361	1,0922	1,2482	1,4042
1,60	0,509	0,1600	0,3200	0,4800	0,6400	0,8000	0,9600	1,1200	1,2800	1,4400
1,62	0,516	0,1640	0,3280	0,4921	0,6561	0,8201	0,9841	1,1482	1,3122	1,4762
1,64	0,522	0,1681	0,3362	0,5043	0,6724	0,8405	1,0086	1,1767	1,3448	1,5129
1,66	0,528	0,1722	0,3444	0,5167	0,6889	0,8611	1,0333	1,2056	1,3778	1,5500
1,68	0,535	0,1764	0,3528	0,5292	0,7056	0,8820	1,0584	1,2348	1,4112	1,5876
1,70	0,541	0,1806	0,3612	0,5419	0,7225	0,9031	1,0837	1,2644	1,4450	1,6256
1,72	0,547	0,1849	0,3698	0,5547	0,7396	0,9245	1,1094	1,2943	1,4792	1,6641
1,74	0,554	0,1892	0,3784	0,5677	0,7569	0,9461	1,1353	1,3246	1,5138	1,7030
1,76	0,560	0,1936	0,3872	0,5808	0,7744	0,9680	1,1616	1,3552	1,5488	1,7424
1,78	0,567	0,1980	0,3960	0,5944	0,7921	0,9901	1,1881	1,3862	1,5842	1,7822
1,80	0,573	0,2025	0,4050	0,6075	0,8100	1,0125	1,2150	1,4175	1,6200.	1,8225

Circonférences.	Diamètres.	HAUTEURS								
		1	2	3	4	5	6	7	8	9
1,82	0,579	0,2070	0,4440	0,6211	0,8281	1,0351	1,2421	1,4492	1,6562	1,8632
1,84	0,586	0,2116	0,4232	0,6348	0,8464	1,0580	1,2696	1,4812	1,6928	1,9044
1,86	0,592	0,2162	0,4324	0,6487	0,8649	1,0811	1,2973	1,5136	1,7298	1,9460
1,88	0,598	0,2209	0,4418	0,6627	0,8836	1,1045	1,3254	1,5463	1,7672	1,9881
1,90	0,605	0,2256	0,4512	0,6769	0,9025	1,1281	1,3537	1,5794	1,8050	2,0306
1,92	0,611	0,2304	0,4608	0,6912	0,9216	1,1520	1,3824	1,6128	1,8432	2,0736
1,94	0,618	0,2352	0,4704	0,7057	0,9409	1,1761	1,4113	1,6466	1,8818	2,1170
1,96	0,624	0,2401	0,4802	0,7203	0,9604	1,2005	1,4406	1,6807	1,9208	2,1609
1,98	0,630	0,2450	0,4900	0,7351	0,9801	1,2251	1,4701	1,7152	1,9602	2,2052
2,00	0,636	0,2500	0,5000	0,7500	1,0000	1,2500	1,5000	1,7500	2,0000	2,2500
2,02	0,643	0,2550	0,5100	0,7651	1,0201	1,2751	1,5301	1,7852	2,0402	2,2952
2,04	0,649	0,2601	0,5202	0,7803	1,0404	1,3005	1,5606	1,8207	2,0808	2,3409
2,06	0,656	0,2652	0,5304	0,7957	1,0609	1,3264	1,5913	1,8566	2,1218	2,3870
2,08	0,662	0,2704	0,5408	0,8112	1,0816	1,3520	1,6224	1,8928	2,1632	2,4336
2,10	0,668	0,2756	0,5512	0,8269	1,1025	1,3781	1,6537	1,9294	2,2050	2,4806
2,12	0,675	0,2809	0,5618	0,8427	1,1236	1,4045	1,6854	1,9663	2,2472	2,5281
2,14	0,681	0,2862	0,5724	0,8587	1,1449	1,4311	1,7173	2,0036	2,2898	2,5760
2,16	0,688	0,2946	0,5832	0,8748	1,1664	1,4580	1,7496	2,0412	2,3328	2,6244

2,18	0,694	0,2970	0,5940	0,8911	1,1881	1,4851	1,7821	2,0792	2,3762	2,6732
2,20	0,700	0,3025	0,6050	0,9075	1,2100	1,5125	1,8150	2,1175	2,4200	2,7225
2,22	0,707	0,3080	0,6160	0,9241	1,2321	1,5401	1,8481	2,1562	2,4642	2,7722
2,24	0,713	0,3136	0,6272	0,9408	1,2544	1,5680	1,8816	2,1952	2,5088	2,8224
2,26	0,719	0,3192	0,6384	0,9577	1,2769	1,5961	1,9153	2,2346	2,5538	2,8730
2,28	0,726	0,3249	0,6498	0,9747	1,2996	1,6245	1,9494	2,2743	2,5992	2,9241
2,30	0,732	0,3306	0,6612	0,9919	1,3225	1,6531	1,9837	2,3144	2,6450	2,9756
2,32	0,739	0,3364	0,6728	1,0092	1,3456	1,6820	2,0184	2,3548	2,6912	3,0276
2,34	0,745	0,3422	0,6844	1,0267	1,3689	1,7111	2,0533	2,3956	2,7378	3,0800
2,36	0,751	0,3481	0,6962	1,0443	1,3924	1,7405	2,0886	2,4367	2,7848	3,1329
2,38	0,758	0,3540	0,7080	1,0621	1,4161	1,7701	2,1241	2,4782	2,8322	3,1862
2,40	0,764	0,3600	0,7200	1,0800	1,4400	1,8000	2,1600	2,5200	2,8800	3,2400
2,42	0,770	0,3660	0,7320	1,0981	1,4641	1,8301	2,1961	2,5622	2,9282	3,2942
2,44	0,777	0,3721	0,7442	1,1163	1,4884	1,8605	2,2326	2,6047	2,9768	3,3489
2,46	0,783	0,3782	0,7564	1,1347	1,5129	1,8911	2,2693	2,6476	3,0258	3,4040
2,48	0,790	0,3844	0,7688	1,1532	1,5376	1,9220	2,3064	2,6908	3,0752	3,4596
2,50	0,796	0,3906	0,7812	1,1719	1,5625	1,9531	2,3437	2,7344	3,1250	3,5156
2,52	0,802	0,3969	0,7938	1,1907	1,5876	1,9845	2,3814	2,7783	3,1752	3,5721
2,54	0,809	0,4032	0,8064	1,2097	1,6129	2,0161	2,4193	2,8226	3,2258	3,6290
2,56	0,815	0,4096	0,8192	1,2288	1,6384	2,0480	2,4576	2,8672	3,2768	3,6864
2,58	0,821	0,4160	0,8320	1,2481	1,6641	2,0801	2,4961	2,9122	3,3282	3,7442
2,60	0,828	0,4225	0,8450	1,2675	1,6900	2,1125	2,5350	2,9575	3,3800	3,8025
2,62	0,834	0,4290	0,8580	1,2871	1,7161	2,1451	2,5741	3,0032	3,4322	3,8612
2,64	0,840	0,4356	0,8712	1,3068	1,7424	2,1780	2,6136	3,0492	3,4848	3,9204
2,66	0,847	0,4422	0,8844	1,3267	1,7689	2,2111	2,6533	3,0956	3,5378	3,9800

Circonférences.	Diamètres.	HAUTEURS								
		1	2	3	4	5	6	7	8	9
2,68	0,853	0,4489	0,8978	1,3467	1,7956	2,2445	2,6934	3,1423	3,5912	4,0401
2,70	0,860	0,4556	0,9112	1,3669	1,8225	2,2781	2,7337	3,1894	3,6450	4,1006
2,72	0,866	0,4624	0,9248	1,3872	1,8496	2,3120	2,7744	3,2368	3,6992	4,1616
2,74	0,872	0,4692	0,9384	1,4077	1,8769	2,3461	2,8153	3,2846	3,7538	4,2230
2,76	0,879	0,4761	0,9522	1,4283	1,9044	2,3805	2,8566	3,3327	3,8088	4,2849
2,78	0,885	0,4830	0,9660	1,4491	1,9321	2,4151	2,8981	3,3812	3,8642	4,3472
2,80	0,891	0,4900	0,9800	1,4700	1,9600	2,4500	2,9400	3,4300	3,9200	4,4100
2,82	0,898	0,4970	0,9940	1,4911	1,9881	2,4851	2,9821	3,4792	3,9762	4,4732
2,84	0,904	0,5041	1,0082	1,5123	2,0164	2,5205	3,0246	3,5287	4,0328	4,5369
2,86	0,910	0,5112	1,0224	1,5337	2,0449	2,5561	3,0673	3,5786	4,0898	4,6010
2,88	0,917	0,5184	1,0368	1,5552	2,0736	2,5920	3,1104	3,6268	4,1472	4,6656
2,90	0,923	0,5256	1,0512	1,5769	2,1025	2,6281	3,1537	3,6794	4,2050	4,7306
2,92	0,930	0,5329	1,0658	1,5987	2,1316	2,6645	3,1974	3,7303	4,2632	4,7961
2,94	0,936	0,5402	1,0804	1,6207	2,1609	2,7011	3,2413	3,7816	4,3218	4,8620
2,96	0,942	0,5476	1,0952	1,6428	2,1904	2,7380	3,2856	3,8332	4,3808	4,9284
2,98	0,949	0,5550	1,1100	1,6651	2,2201	2,7751	3,3301	3,8852	4,4402	4,9952
3,00	0,955	0,5625	1,1250	1,6875	2,2500	2,8125	3,3750	3,9375	4,5000	5,0625
3,02	0,961	0,5700	1,1400	1,7101	2,2801	2,8501	3,4201	3,9902	4,5602	5,1302

3,04	0,968	0,5776	1,1552	1,7328	2,3104	2,8880	3,4656	4,0432	4,6208	5,1984
3,06	0,974	0,5852	1,1704	1,7557	2,3409	2,9261	3,5113	4,0966	4,6818	5,2670
3,08	0,980	0,5929	1,1858	1,7787	2,3716	2,9645	3,5574	4,1503	4,7432	5,3361
3,10	0,987	0,6006	1,2012	1,8019	2,4025	3,0031	3,6037	4,2044	4,8050	5,4056
3,12	0,993	0,6084	1,2168	1,8252	2,4336	3,0420	3,6504	4,2588	4,8672	5,4756
3,14	1,000	0,6162	1,2324	1,8487	2,4649	3,0811	3,6973	4,3136	4,9298	5,5460
3,16	1,006	0,6241	1,2482	1,8723	2,4964	3,1205	3,7446	4,3687	4,9928	5,6169
3,18	1,012	0,6320	1,2640	1,8961	2,5281	3,1601	3,7921	4,4242	5,0562	5,6882
3,20	1,018	0,6400	1,2800	1,9200	2,5600	3,2000	3,8400	4,4800	5,4200	5,7600
3,22	1,025	0,6480	1,2960	1,9444	2,5921	3,2401	3,8881	4,5362	5,1842	5,8322
3,24	1,031	0,6561	1,3122	1,9683	2,6244	3,2805	3,9366	4,5927	5,2488	5,9049
3,26	1,038	0,6642	1,3284	1,9927	2,6569	3,3211	3,9853	4,6496	5,3138	5,9780
3,28	1,044	0,6724	1,3448	2,0172	2,6896	3,3620	4,0344	4,7068	5,3792	6,0516
3,30	1,051	0,6806	1,3612	2,0419	2,7225	3,4031	4,0837	4,7644	5,4450	6,1256
3,32	1,057	0,6889	1,3778	2,0667	2,7556	3,4445	4,1334	4,8223	5,5112	6,2001
3,34	1,063	0,6972	1,3944	2,0917	2,7889	3,4861	4,1833	4,8806	5,5778	6,2750
3,36	1,070	0,7056	1,4112	2,1168	2,8224	3,5280	4,2336	4,9392	5,6448	6,3504
3,38	1,076	0,7140	1,4280	2,1421	2,8561	3,5701	4,2841	4,9982	5,7122	6,4262
3,40	1,082	0,7225	1,4450	2,1675	2,8900	3,6125	4,3350	5,0575	5,7800	6,5025
3,42	1,089	0,7310	1,4620	2,1931	2,9241	3,6551	4,3861	5,1172	5,8482	6,5792
3,44	1,095	0,7396	1,4792	2,2188	2,9584	3,6980	4,4376	5,1772	5,9168	6,6564
3,46	1,101	0,7482	1,4964	2,2447	2,9929	3,7411	4,4893	5,2376	5,9858	6,7340
3,48	1,108	0,7569	1,5138	2,2707	3,0276	3,7845	4,5414	5,2983	6,0552	6,8121
3,50	1,114	0,7656	1,5312	2,2969	3,0625	3,8281	4,5937	5,3594	6,1250	6,8906
3,52	1,120	0,7744	1,5488	2,3232	3,0976	3,8720	4,6464	5,4208	6,1952	6,9696

Circonférences	Diamètres	1	2	3	4	5	6	7	8	9
3,54	1,127	0,7832	1,5664	2,3497	3,1329	3,9161	4,6993	5,4826	6,2658	7,0490
3,56	1,133	0,7921	1,5842	2,3763	3,1684	3,9605	4,7526	5,5447	6,3368	7,1289
3,58	1,140	0,8010	1,6020	2,4031	3,2041	4,0051	4,8061	5,6072	6,4082	7,2092
3,60	1,146	0,8100	1,6200	2,4300	3,2400	4,0500	4,8600	5,6700	6,4800	7,2900
3,62	1,152	0,8190	1,6380	2,4571	3,2761	4,0951	4,9141	5,7332	6,5522	7,3712
3,64	1,159	0,8281	1,6562	2,4843	3,3124	4,1405	4,9686	5,7967	6,6248	7,4529
3,66	1,165	0,8372	1,6744	2,5117	3,3489	4,1861	5,0233	5,8606	6,6978	7,5350
3,68	1,171	0,8464	1,6928	2,5392	3,3856	4,2320	5,0784	5,9248	6,7712	7,6176
3,70	1,178	0,8556	1,7112	2,5669	3,4225	4,2781	5,1337	5,9894	6,8450	7,7006
3,72	1,184	0,8649	1,7298	2,5947	3,4596	4,3245	5,1894	6,0543	6,9192	7,7841
3,74	1,190	0,8742	1,7484	2,6227	3,4969	4,3711	5,2453	6,1196	6,9938	7,8680
3,76	1,197	0,8836	1,7672	2,6508	3,5344	4,4180	5,3016	6,1852	7,0688	7,9524
3,78	1,203	0,8930	1,7860	2,6791	3,5721	4,4651	5,3581	6,2512	7,1442	8,0372
3,80	1,210	0,9025	1,8050	2,7075	3,6100	4,5125	5,4150	6,3175	7,2200	8,1225
3,82	1,216	0,9120	1,8240	2,7361	3,6481	4,5601	5,4721	6,3842	7,2962	8,2082
3,84	1,222	0,9216	1,8432	2,7648	3,6864	4,6080	5,5296	6,4512	7,3728	8,2944
3,86	1,229	0,9312	1,8624	2,7937	3,7249	4,6561	5,5873	6,5186	7,4498	5,3810
3,88	1,235	0,9409	1,8818	2,8227	3,7636	4,7045	5,6454	6,5863	7,5272	8,4681

HAUTEURS

3,90	1,241	0,9506	1,9012	2,8519	3,8025	4,7531	5,7037	6,6544	7,6050	8,5556
3,92	1,248	0,9604	1,9208	2,8812	3,8416	4,8020	5,7624	6,7228	7,6832	5,6436
3,94	1,254	0,9702	1,9404	2,9107	3,8809	4,8511	5,8213	6,7916	7,7618	8,7320
3,96	1,261	0,9801	1,9602	2,9403	3,9204	4,9005	5,8806	6,8607	7,8408	8,8209
3,98	1,267	0,9900	1,9800	2,9701	3,9601	4,9501	5,9401	6,9302	7,9202	8,9102
4,00	1,273	1,0000	2,0000	3,0000	4,0000	5,0000	6,0000	7,0000	8,0000	9,0000
4,02	1,280	1,0100	2,0201	3,0301	4,0401	5,0501	6,0602	7,0704	8,0802	9,0902
4,04	1,286	1,0201	2,0402	3,0603	4,0804	5,1005	6,1206	7,1407	8,1608	9,1809
4,06	1,292	1,0302	2,0604	3,0907	4,1209	5,1511	6,1813	7,2116	8,2418	9,2721
4,08	1,299	1,0404	2,0808	3,1212	4,1616	5,2020	6,2424	7,2828	8,3232	9,3636
4,10	1,305	1,0506	2,1012	3,1519	4,2025	5,2531	6,3037	7,3544	8,4050	9,4556
4,12	1,312	1,0609	2,1218	3,1827	4,2436	5,3045	6,3654	7,4263	8,4872	9,5481
4,14	1,318	1,0712	2,1424	3,2137	4,2849	5,3561	6,4273	7,4986	8,5698	9,6410
4,16	1,324	1,0816	2,1632	3,2448	4,3264	5,4080	6,4896	7,5712	8,6528	9,7344
4,18	1,331	1,0920	2,1841	3,2761	4,3681	5,4601	6,5522	7,6442	8,7362	9,8382
4,20	1,337	1,1025	2,2050	3,3075	4,4100	5,5125	6,6150	7,7175	8,8200	9,9225
4,22	1,343	1,1130	2,2260	3,3390	4,4521	5,5651	6,6781	7,7911	8,9042	10,0172
4,24	1,350	1,1236	2,2472	3,3708	4,4944	5,6180	6,7416	7,8652	8,9888	10,1124
4,26	1,356	1,1342	2,2684	3,4027	4,5369	5,6711	6,8053	7,9394	9,0738	10,2080
4,28	1,362	1,1449	2,2898	3,4347	4,5796	5,7245	6,8694	8,0143	9,1592	10,3041
4,30	1,369	1,1556	2,3112	3,4668	4,6225	5,7781	6,9337	8,0993	9,2450	10,4006

TABLE III

POUR CUBER LES BOIS AU 1/6 DÉDUIT

Circonférences.	Diamètres.	HAUTEURS								
		1	2	3	4	5	6	7	8	9
0,10	0,032	0,0004	0,0009	0,0013	0,0017	0,0022	0,0026	0,0030	0,0035	0,0039
0,12	0,038	0,0006	0,0012	0,0019	0,0025	0,0031	0,0037	0,0044	0,0050	0,0056
0,14	0,045	0,0009	0,0017	0,0026	0,0034	0,0043	0,0051	0,0060	0,0068	0,0077
0,16	0,051	0,0011	0,0022	0,0033	0,0044	0,0056	0,0067	0,0078	0,0089	0,0100
0,18	0,057	0,0014	0,0028	0,0042	0,0056	0,0070	0,0084	0,0098	0,0112	0,0127
0,20	0,064	0,0017	0,0035	0,0052	0,0069	0,0087	0,0104	0,0121	0,0139	0,0156
0,22	0,070	0,0021	0,0042	0,0063	0,0084	0,0105	0,0126	0,0147	0,0168	0,0189
0,24	0,076	0,0025	0,0050	0,0075	0,0100	0,0125	0,0150	0,0175	0,0200	0,0225
0,26	0,083	0,0029	0,0059	0,0088	0,0117	0,0147	0,0176	0,0205	0,0235	0,0264
0,28	0,089	0,0034	0,0068	0,0102	0,0136	0,0170	0,0204	0,0238	0,0272	0,0306
0,30	0,095	0,0039	0,0078	0,0117	0,0156	0,0195	0,0234	0,0273	0,0312	0,0352
0,32	0,102	0,0044	0,0089	0,0133	0,0178	0,0222	0,0267	0,0311	0,0356	0,0400
0,34	0,108	0,0050	0,0100	0,0151	0,0201	0,0251	0,0301	0,0351	0,0401	0,0452
0,36	0,115	0,0056	0,0112	0,0169	0,0225	0,0281	0,0337	0,0394	0,0450	0,0506
0,38	0,121	0,0063	0,0125	0,0188	0,0251	0,0313	0,0376	0,0439	0,0501	0,0564
0,40	0,127	0,0069	0,0139	0,0208	0,0278	0,0347	0,0417	0,0486	0,0556	0,0625
0,42	0,134	0,0077	0,0153	0,0230	0,0306	0,0383	0,0459	0,0536	0,0613	0,0689
0,44	0,140	0,0084	0,0168	0,0252	0,0336	0,0420	0,0504	0,0588	0,0672	0,0756

0,46	0,146	0,0092	0,0184	0,0276	0,0367	0,0459	0,0551	0,0643	0,0735	0,0827
0,48	0,153	0,0100	0,0200	0,0300	0,0400	0,0500	0,0600	0,0700	0,0800	0,0900
0,50	0,159	0,0108	0,0217	0,0325	0,0434	0,0542	0,0651	0,0759	0,0868	0,0977
0,52	0,166	0,0117	0,0235	0,0352	0,0469	0,0587	0,0704	0,0822	0,0939	0,1056
0,54	0,172	0,0127	0,0253	0,0380	0,0506	0,0633	0,0759	0,0886	0,1012	0,1139
0,56	0,178	0,0136	0,0272	0,0408	0,0544	0,0681	0,0817	0,0953	0,1089	0,1225
0,58	0,185	0,0146	0,0292	0,0438	0,0584	0,0730	0,0876	0,1022	0,1168	0,1314
0,60	0,191	0,0156	0,0312	0,0469	0,0625	0,0781	0,0937	0,1094	0,1250	0,1406
0,62	0,197	0,0167	0,0334	0,0501	0,0667	0,0834	0,1001	0,1168	0,1335	0,1562
0,64	0,204	0,0178	0,0356	0,0533	0,0711	0,0889	0,1067	0,1244	0,1422	0,1600
0,66	0,210	0,0189	0,0378	0,0567	0,0756	0,0945	0,1134	0,1323	0,1512	0,1702
0,68	0,216	0,0201	0,0401	0,0602	0,0803	0,1003	0,1204	0,1405	0,1606	0,1806
0,70	0,223	0,0213	0,0425	0,0638	0,0851	0,1063	0,1276	0,1489	0,1701	0,1914
0,72	0,229	0,0225	0,0450	0,0675	0,0900	0,1125	0,1350	0,1575	0,1800	0,2025
0,74	0,236	0,0238	0,0475	0,0713	0,0951	0,1188	0,1426	0,1664	0,1901	0,2139
0,76	0,242	0,0251	0,0501	0,0752	0,1003	0,1253	0,1504	0,1755	0,2006	0,2256
0,78	0,248	0,0264	0,0528	0,0792	0,1056	0,1320	0,1584	0,1848	0,2112	0,2377
0,80	0,255	0,0278	0,0556	0,0833	0,1111	0,1389	0,1667	0,1944	0,2222	0,2500
0,82	0,261	0,0292	0,0584	0,0876	0,1167	0,1459	0,1751	0,2043	0,2335	0,2627
0,84	0,267	0,0306	0,0612	0,0919	0,1225	0,1531	0,1837	0,2144	0,2450	0,2756
0,86	0,274	0,0321	0,0642	0,0963	0,1284	0,1605	0,1926	0,2247	0,2568	0,2889
0,88	0,280	0,0336	0,0672	0,1008	0,1344	0,1681	0,2017	0,2353	0,2689	0,3025
0,90	0,286	0,0352	0,0703	0,1055	0,1406	0,1758	0,2109	0,2461	0,2813	0,3164
0,92	0,293	0,0367	0,0735	0,1102	0,1469	0,1837	0,2204	0,2572	0,2939	0,3306
0,94	0,299	0,0384	0,0767	0,1151	0,1534	0,1918	0,2301	0,2685	0,3068	0,3452

Circonférences.	Diamètres.	HAUTEURS								
		1	2	3	4	5	6	7	8	9
0,96	0,306	0,0400	0,0800	0,1200	0,1600	0,2000	0,2400	0,2800	0,3200	0,3600
0,98	0,312	0,0417	0,0834	0,1251	0,1667	0,2084	0,2501	0,2918	0,3335	0,3752
1,00	0,318	0,0434	0,0868	0,1302	0,1736	0,2170	0,2604	0,3038	0,3472	0,3906
1,02	0,325	0,0452	0,0903	0,1355	0,1806	0,2258	0,2709	0,3161	0,3612	0,4064
1,04	0,331	0,0469	0,0939	0,1408	0,1878	0,2347	0,2817	0,3286	0,3756	0,4225
1,06	0,337	0,0488	0,0975	0,1463	0,1951	0,2438	0,2926	0,3414	0,3901	0,4389
1,08	0,344	0,0506	0,1012	0,1519	0,2025	0,2531	0,3037	0,3544	0,4050	0,4556
1,10	0,350	0,0525	0,1050	0,1575	0,2101	0,2626	0,3151	0,3676	0,4201	0,4726
1,12	0,357	0,0544	0,1089	0,1633	0,2178	0,2722	0,3266	0,3811	0,4356	0,4900
1,14	0,363	0,0564	0,1128	0,1692	0,2256	0,2820	0,3384	0,3948	0,4512	0,5077
1,16	0,369	0,0584	0,1168	0,1752	0,2336	0,2920	0,3504	0,4088	0,4672	0,5256
1,18	0,376	0,0604	0,1209	0,1813	0,2418	0,3022	0,3626	0,4230	0,4835	0,5439
1,20	0,382	0,0625	0,1250	0,1875	0,2500	0,3125	0,3750	0,4375	0,5000	0,5625
1,22	0,383	0,0646	0,1292	0,1938	0,2584	0,3230	0,3876	0,4522	0,5168	0,5814
1,24	0,395	0,0667	0,1335	0,2002	0,2669	0,3337	0,4004	0,4672	0,5339	0,6006
1,26	0,401	0,0689	0,1378	0,2067	0,2756	0,3445	0,4134	0,4823	0,5512	0,6202
1,28	0,407	0,0711	0,1422	0,2133	0,2844	0,3556	0,4267	0,4978	0,5689	0,6400
1,30	0,414	0,0734	0,1467	0,2201	0,2934	0,3668	0,4401	0,5134	0,5868	0,6602

1,32	0,420	0,0756	0,1512	0,2269	0,3025	0,3781	0,4537	0,5294	0,6050	0,6806
1,34	0,427	0,0779	0,1559	0,2338	0,3117	0,3897	0,4676	0,5455	0,6235	0,7014
1,36	0,433	0,0803	0,1606	0,2408	0,3211	0,4014	0,4817	0,5619	0,6422	0,7225
1,38	0,439	0,0827	0,1653	0,2480	0,3306	0,4133	0,4960	0,5786	0,6612	0,7439
1,40	0,446	0,0851	0,1701	0,2552	0,3403	0,4253	0,5104	0,5955	0,6805	0,7656
1,42	0,452	0,0875	0,1750	0,2626	0,3501	0,4376	0,5251	0,6126	0,7001	0,7877
1,44	0,458	0,0900	0,1800	0,2700	0,3600	0,4500	0,5400	0,6300	0,7200	0,8100
1,46	0,465	0,0925	0,1850	0,2776	0,3701	0,4626	0,5551	0,6476	0,7401	0,8327
1,48	0,471	0,0951	0,1901	0,2852	0,3803	0,4753	0,5704	0,6655	0,7606	0,8556
1,50	0,477	0,0977	0,1953	0,2930	0,3906	0,4883	0,5859	0,6836	0,7812	0,8789
1,52	0,484	0,1003	0,2006	0,3008	0,4011	0,5014	0,6017	0,7019	0,8022	0,9025
1,54	0,490	0,1029	0,2059	0,3088	0,4117	0,5147	0,6176	0,7205	0,8235	0,9264
1,56	0,497	0,1056	0,2112	0,3169	0,4225	0,5284	0,6337	0,7394	0,8450	0,9506
1,58	0,503	0,1083	0,2167	0,3251	0,4334	0,5418	0,6501	0,7585	0,8668	0,9752
1,60	0,509	0,1111	0,2222	0,3333	0,4444	0,5556	0,6667	0,7778	0,8889	1,0000
1,62	0,516	0,1139	0,2278	0,3417	0,4556	0,5695	0,6834	0,7973	0,9142	1,0252
1,64	0,522	0,1167	0,2335	0,3502	0,4669	0,5837	0,7004	0,8171	0,9339	1,0506
1,66	0,528	0,1196	0,2392	0,3588	0,4784	0,5980	0,7176	0,8372	0,9568	1,0764
1,68	0,535	0,1225	0,2450	0,3675	0,4900	0,6125	0,7350	0,8575	0,9800	1,1025
1,70	0,541	0,1254	0,2509	0,3763	0,5017	0,6271	0,7526	0,8780	1,0035	1,1289
1,72	0,547	0,1284	0,2568	0,3852	0,5136	0,6420	0,7704	0,8988	1,0272	1,1556
1,74	0,554	0,1314	0,2628	0,3942	0,5256	0,6570	0,7884	0,9198	1,0512	1,1827
1,76	0,560	0,1344	0,2689	0,4033	0,5378	0,6722	0,8067	0,9411	1,0756	1,2100
1,78	0,567	0,1375	0,2750	0,4126	0,5501	0,6876	0,8251	0,9626	1,1001	1,2377
1,80	0,573	0,1406	0,2812	0,4219	0,5625	0,7031	0,8437	0,9844	1,1250	1,2656

Circonférences.	Diamètres.	HAUTEURS								
		1	2	3	4	5	6	7	8	9
1,82	0,579	0,1438	0,2875	0,4313	0,5751	0,7188	0,8626	1,0064	1,1501	1,2939
1,84	0,586	0,1469	0,2339	0,4408	0,5878	0,7347	0,8817	1,0286	1,1756	1,3225
1,86	0,592	0,1502	0,3003	0,4505	0,6006	0,7508	0,9009	1,0511	1,2012	1,3514
1,88	0,598	0,1534	0,3068	0,4602	0,6136	0,7670	0,9204	1,0738	1,2272	1,3806
1,90	0,605	0,1567	0,3134	0,4700	0,6267	0,7834	0,9401	1,0968	1,2535	1,4101
1,92	0,611	0,1600	0,3200	0,4800	0,6400	0,8000	0,9600	1,1200	1,2800	1,4400
1,94	0,618	0,1633	0,3267	0,4900	0,6534	0,8168	0,9801	1,1435	1,3068	1,4702
1,96	0,624	0,1667	0,3335	0,5002	0,6669	0,8337	1,0004	1,1672	1,3339	1,5006
1,98	0,630	0,1702	0,3403	0,5105	0,6806	0,8508	1,0209	1,1911	1,3612	1,5314
2,00	0,636	0,1736	0,3472	0,5208	0,6944	0,8681	1,0416	1,2152	1,3889	1,5625
2,02	0,643	0,1771	0,3542	0,5313	0,7084	0,8855	1,0626	1,2397	1,4168	1,5939
2,04	0,649	0,1806	0,3612	0,5419	0,7225	0,9031	1,0837	1,2644	1,4450	1,6256
2,06	0,656	0,1842	0,3684	0,5525	0,7367	0,9209	1,1051	1,2893	1,4735	1,6577
2,08	0,662	0,1878	0,3756	0,5633	0,7511	0,9389	1,1267	1,3144	1,5022	1,6900
2,10	0,668	0,1914	0,3828	0,5742	0,7656	0,9570	1,1484	1,3398	1,5313	1,7227
2,12	0,675	0,1951	0,3901	0,5852	0,7803	0,9753	1,1704	1,3655	1,5606	1,7556
2,14	0,681	0,1988	0,3975	0,5963	0,7951	0,9938	1,1926	1,3914	1,5901	1,7889
2,16	0,688	0,2025	0,4050	0,6075	0,8100	1,0125	1,2150	1,4175	1,6200	1,8225

2,18	0,694	0,2063	0,4125	0,6188	0,8251	1,0313	1,2376	1,4439	1,6501	1,8564
2,20	0,700	0,2101	0,4201	0,6302	0,8403	1,0503	1,2604	1,4705	1,6805	1,8906
2,22	0,707	0,2139	0,4278	0,6417	0,8556	1,0695	1,2834	1,4973	1,7112	1,9252
2,24	0,713	0,2178	0,4356	0,6533	0,8711	1,0889	1,3067	1,5244	1,7422	1,9600
2,26	0,719	0,2217	0,4434	0,6651	0,8867	1,1084	1,3301	1,5518	1,7735	1,9952
2,28	0,726	0,2256	0,4512	0,6769	0,9025	1,1281	1,3537	1,5794	1,8050	2,0306
2,30	0,732	0,2296	0,4592	0,6888	0,9184	1,1489	1,3776	1,6072	1,8368	2,0664
2,32	0,739	0,2336	0,4672	0,7008	0,9344	1,1681	1,4017	1,6353	1,8689	2,1025
2,34	0,745	0,2377	0,4753	0,7130	0,9506	1,1883	1,4259	1,6636	1,9012	2,1389
2,36	0,751	0,2418	0,4835	0,7252	0,9670	1,2087	1,4505	1,6922	1,9340	2,1756
2,38	0,758	0,2458	0,4917	0,7376	0,9834	1,2293	1,4751	1,7210	1,9668	2,2127
2,40	0,764	0,2500	0,5000	0,7500	1,0000	1,2500	1,5000	1,7500	2,0000	2,2500
2,42	0,770	0,2542	0,5084	0,7625	1,0167	1,2709	1,5251	1,7793	2,0335	2,2876
2,44	0,777	0,2584	0,5168	0,7752	1,0336	1,2920	1,5504	1,8088	2,0672	2,3256
2,46	0,783	0,2627	0,5253	0,7880	1,0506	1,3133	1,5759	1,8386	2,1012	2,3639
2,48	0,790	0,2669	0,5339	0,8008	1,0678	1,3347	1,6017	1,8686	2,1355	2,4025
2,50	0,796	0,2713	0,5425	0,8138	1,0851	1,3563	1,6276	1,8989	2,1701	2,4414
2,52	0,802	0,2756	0,5512	0,8269	1,1025	1,3781	1,6537	1,9294	2,2050	2,4806
2,54	0,809	0,2800	0,5600	0,8400	1,1201	1,4004	1,6801	1,9601	2,2401	2,5201
2,56	0,815	0,2844	0,5689	0,8533	1,1378	1,4222	1,7067	1,9911	2,2756	2,5600
2,58	0,821	0,2889	0,5778	0,8667	1,1556	1,4445	1,7334	2,0223	2,3112	2,6002
2,60	0,828	0,2934	0,5868	0,8802	1,1736	1,4670	1,7600	2,0538	2,3472	2,6406
2,62	0,834	0,2979	0,5959	0,8938	1,1917	1,4897	1,7876	2,0855	2,3835	2,6814
2,64	0,840	0,3025	0,6050	0,9075	1,2100	1,5125	1,8150	2,1175	2,4200	2,7225
2,66	0,847	0,3071	0,6142	0,9213	1,2284	1,5355	1,8426	2,1497	2,4568	2,7639

Circonférences.	Diamètres.	HAUTEURS								
		1	2	3	4	5	6	7	8	9
2,68	0,853	0,3447	0,6235	0,9352	1,2469	1,5587	1,8704	2,1821	2,4939	2,8056
2,70	0,860	0,3164	0,6328	0,9492	1,2656	1,5820	1,8984	2,2148	2,5312	2,8477
2,72	0,866	0,3211	0,6422	0,9633	1,2844	1,6056	1,9267	2,2478	2,5689	2,8900
2,74	0,872	0,3259	0,6517	0,9776	1,3034	1,6293	1,9551	2,2810	2,6068	2,9327
2,76	0,879	0,3306	0,6612	0,9919	1,3225	1,6531	1,9837	2,3144	2,6450	2,9756
2,78	0,885	0,3354	0,6709	1,0063	1,3417	1,6772	2,0126	2,3480	2,6835	3,0189
2,80	0,891	0,3403	0,6805	1,0208	1,3611	1,7014	2,0416	2,3819	2,7222	3,0625
2,82	0,898	0,3452	0,6903	1,0355	1,3806	1,7258	2,0709	2,4161	2,7612	3,1064
2,84	0,904	0,3501	0,7001	1,0502	1,4003	1,7503	2,1004	2,4505	2,8006	3,1506
2,86	0,910	0,3550	0,7100	1,0651	1,4201	1,7751	2,1301	2,4851	2,8401	3,1952
2,88	0,917	0,3600	0,7200	1,0800	1,4400	1,8000	2,1600	2,5200	2,8800	3,2400
2,90	0,923	0,3650	0,7300	1,0950	1,4601	1,8251	2,1901	2,5551	2,9201	3,2851
2,92	0,930	0,3701	0,7401	1,1102	1,4803	1,8503	2,2204	2,5905	2,9606	3,3306
2,94	0,936	0,3752	0,7503	1,1255	1,5006	1,8758	2,2509	2,6261	3,0012	3,3764
2,96	0,942	0,3803	0,7606	1,1408	1,5211	1,9014	2,2817	2,6619	3,0422	3,4225
2,98	0,949	0,3854	0,7709	1,1563	1,5417	1,9272	2,3126	2,6980	3,0835	3,4689
3,00	0,955	0,3906	0,7812	1,1719	1,5625	1,9531	2,3437	2,7343	3,1250	3,5456
3,02	0,961	0,3958	0,7917	1,1875	1,5834	1,9792	2,3751	2,7709	3,1668	3,5626

3,04	0,968	0,4011	0,8022	1,2033	1,6044	2,0056	2,4067	2,8078	3,2089	3,6100
3,06	0,974	0,4064	0,8128	1,2192	1,6256	2,0320	2,4384	2,8448	3,2512	3,6577
3,08	0,980	0,4117	0,8235	1,2352	1,6469	2,0587	2,4704	2,8821	3,2939	3,7056
3,10	0,987	0,4171	0,8342	1,2513	1,6684	2,0855	2,5026	2,9197	3,3368	3,7539
3,12	0,993	0,4225	0,8450	1,2675	1,6900	2,1125	2,5350	2,9575	3,3800	3,8025
3,14	1,000	0,4279	0,8559	1,2838	1,7117	2,1397	2,5676	2,9955	3,4235	3,8514
3,16	1,006	0,4334	0,8668	1,3002	1,7336	2,1670	2,6004	3,0338	3,4672	3,9006
3,18	1,012	0,4389	0,8778	1,3167	1,7556	2,1945	2,6334	3,0723	3,5112	3,9502
3,20	1,018	0,4444	0,8889	1,3333	1,7778	2,2222	2,6667	3,1111	3,5556	4,0000
3,22	1,025	0,4500	0,9000	1,3501	1,8001	2,2501	2,7001	3,1501	3,6001	4,0502
3,24	1,031	0,4556	0,9112	1,3669	1,8225	2,2781	2,7337	3,1894	3,6450	4,1006
3,26	1,038	0,4613	0,9225	1,3838	1,8451	2,3063	2,7676	3,2289	3,6901	4,1514
3,28	1,044	0,4669	0,9339	1,4008	1,8678	2,3347	2,8047	3,2686	3,7356	4,2025
3,30	1,051	0,4727	0,9453	1,4180	1,8906	2,3633	2,8359	3,3086	3,7842	4,2539
3,32	1,057	0,4784	0,9568	1,4352	1,9136	2,3920	2,8704	3,3488	3,8272	4,3056
3,34	1,063	0,4842	0,9684	1,4526	1,9367	2,4209	2,9051	3,3893	3,8735	4,3577
3,36	1,070	0,4900	0,9800	1,4700	1,9600	2,4500	2,9400	3,4300	3,9200	4,4100
3,38	1,076	0,4958	0,9917	1,4875	1,9834	2,4792	2,9751	3,4709	3,9668	4,4626
3,40	1,083	0,5017	1,0035	1,5052	2,0069	2,5087	3,0104	3,5121	4,0139	4,5156
3,42	1,089	0,5077	1,0153	1,5230	2,0306	2,5383	3,0459	3,5536	4,0612	4,5689
3,44	1,095	0,5136	1,0272	1,5408	2,0544	2,5681	3,0817	3,5953	4,1089	4,6225
3,46	1,101	0,5196	1,0392	1,5588	2,0784	2,5980	3,1176	3,6372	4,1568	4,6764
3,48	1,108	0,5256	1,0512	1,5769	2,1025	2,6281	3,1537	3,6794	4,2050	4,7306
3,50	1,114	0,5317	1,0634	1,5950	2,1267	2,6584	3,1901	3,7248	4,2535	4,7851
3,52	1,120	0,5378	1,0756	1,6133	2,1544	2,6889	3,2267	3,7644	4,3022	4,8400

Circonférences.	Diamètres.	HAUTEURS								
		1	2	3	4	5	6	7	8	9
3,54	1,127	0,5439	1,0878	1,6317	2,1756	2,7195	3,2634	3,8073	4,3512	4,8952
3,56	1,133	0,5501	1,1001	1,6502	2,2003	2,7503	3,3004	3,8505	4,4005	4,9506
3,58	1,140	0,5563	1,1125	1,6688	2,2251	2,7813	3,3376	3,8939	4,4501	5,0064
3,60	1,146	0,5625	1,1250	1,6875	2,2500	2,8125	3,3750	3,9375	4,5000	5,0625
3,62	1,152	0,5688	1,1375	1,7063	2,2751	2,8438	3,4126	3,9814	4,5501	5,1189
3,64	1,159	0,5751	1,1501	1,7252	2,3003	2,8753	3,4504	4,0255	4,6006	5,1756
3,66	1,165	0,5814	1,1628	1,7442	2,3256	2,9070	3,4884	4,0698	4,6512	5,2327
3,68	1,171	0,5878	1,1756	1,7633	2,3511	2,9389	3,5267	4,1144	4,7022	5,2900
3,70	1,178	0,5942	1,1884	1,7826	2,3767	2,9709	3,5651	4,1593	4,7535	5,3477
3,72	1,184	0,6006	1,2012	1,8019	2,4025	3,0031	3,6037	4,2044	4,8050	5,4056
3,74	1,190	0,6071	1,2142	1,8213	2,4284	3,0355	3,6426	4,2497	4,8568	5,4639
3,76	1,197	0,6136	1,2272	1,8408	2,4544	3,0681	3,6817	4,2953	4,9089	5,5225
3,78	1,203	0,6202	1,2403	1,8605	2,4806	3,1008	3,7209	4,3411	4,9612	5,5814
3,80	1,210	0,6267	1,2535	1,8802	2,5069	3,1336	3,7604	4,3871	5,0138	5,6405
3,82	1,216	0,6333	1,2667	1,9000	2,5334	3,1668	3,8001	4,4335	5,0668	5,7002
3,84	1,222	0,6400	1,2800	1,9200	2,5600	3,2000	3,8400	4,4800	4,1200	5,7600
3,86	1,229	0,6467	1,2934	1,9400	2,5867	3,2334	3,8801	4,5268	5,1735	5,8201
3,88	1,235	0,6534	1,3068	1,9602	2,6136	3,2670	3,9204	4,5738	5,2272	5,8806

3,90	1,241	0,6602	1,3203	1,9805	2,6406	3,3008	3,9609	4,6211	5,2812	5,9414
3,92	1,248	0,6669	1,3339	2,0003	2,6678	3,3347	4,0017	4,6686	5,3355	6,0025
3,94	1,254	0,6738	1,3475	2,0213	2,6951	3,3688	4,0426	4,7164	5,3901	6,0639
3,96	1,261	0,6806	1,3612	2,0419	2,7225	3,4031	4,0837	4,7644	5,4450	6,1256
3,98	1,267	0,6875	1,3750	2,0625	2,7501	3,4376	4,1251	4,8126	5,5001	6,1876
4,00	1,273	0,6944	1,3889	2,0833	2,7778	3,4722	4,1667	4,8611	5,5556	6,2500
4,02	1,280	0,7014	1,4028	2,1042	2,8056	3,5070	4,2084	4,9098	5,6113	6,3126
4,04	1,286	0,7084	1,4168	2,1252	2,8336	3,5420	4,2504	4,9588	5,6672	6,3756
4,06	1,292	0,7154	1,4309	2,1463	2,8617	3,5771	4,2926	5,0079	5,7235	6,4389
4,08	1,299	0,7225	1,4450	2,1675	2,8900	3,6125	4,3350	5,0575	5,7800	6,5025
4,10	1,305	0,7296	1,4592	2,1888	2,9184	3,6480	4,3776	5,1072	5,8368	6,5664
4,12	1,312	0,7367	1,4735	2,2102	2,9469	3,6836	4,4204	5,1571	5,8939	6,6306
4,14	1,318	0,7439	1,4878	2,2317	2,9756	3,7195	4,4634	5,2073	5,9513	6,6952
4,16	1,324	0,7511	1,5022	2,2533	3,0044	3,7555	4,5066	5,2577	6,0089	6,7600
4,18	1,331	0,7583	1,5167	2,2751	3,0334	3,7917	4,5500	5,3084	6,0668	6,8252
4,20	1,337	0,7656	1,5312	2,2968	3,0625	3,8261	4,5936	5,3593	6,1250	6,8906
4,22	1,343	0,7729	1,5458	2,3188	3,0917	3,8646	4,6376	5,4105	6,1835	6,9564
4,24	1,350	0,7803	1,5606	2,3408	3,1211	3,9015	4,6817	5,4621	6,2422	7,0225
4,26	1,356	0,7877	1,5753	2,3630	3,1506	3,9383	4,7260	5,5137	6,3013	7,0889
4,28	1,362	0,7951	1,5901	2,3852	3,1803	3,9753	4,7704	5,5655	6,3606	7,1556
4,30	1,369	0,8025	1,6050	2,4075	3,2101	4,0126	4,8150	5,6170	6,4202	7,2227

TABLE IV

POUR CUBER LES BOIS AU $1/5$ DÉDUIT

Circonférences.	Diamètres.	HAUTEURS								
		1	2	3	4	5	6	7	8	9
0,10	0,032	0,0004	0,0008	0,0012	0,0016	0,0020	0,0024	0,0028	0,0032	0,0036
0,12	0,038	0,0006	0,0012	0,0017	0,0023	0,0029	0,0035	0,0040	0,0046	0,0052
0,14	0,045	0,0008	0,0016	0,0024	0,0031	0,0039	0,0047	0,0055	0,0063	0,0071
0,16	0,051	0,0010	0,0020	0,0031	0,0041	0,0051	0,0061	0,0072	0,0082	0,0092
0,18	0,057	0,0013	0,0026	0,0039	0,0052	0,0065	0,0078	0,0091	0,0104	0,0117
0,20	0,064	0,0016	0,0032	0,0048	0,0064	0,0080	0,0096	0,0112	0,0128	0,0144
0,22	0,070	0,0019	0,0039	0,0058	0,0077	0,0097	0,0116	0,0136	0,0155	0,0174
0,24	0,076	0,0023	0,0046	0,0069	0,0092	0,0115	0,0138	0,0161	0,0184	0,0207
0,26	0,083	0,0027	0,0054	0,0081	0,0108	0,0135	0,0162	0,0189	0,0216	0,0243
0,28	0,089	0,0031	0,0063	0,0094	0,0125	0,0157	0,0188	0,0220	0,0251	0,0282
0,30	0,095	0,0036	0,0072	0,0108	0,0144	0,0180	0,0216	0,0252	0,0288	0,0324
0,32	0,102	0,0041	0,0082	0,0123	0,0164	0,0205	0,0246	0,0287	0,0328	0,0369
0,34	0,108	0,0046	0,0092	0,0139	0,0185	0,0231	0,0277	0,0324	0,0370	0,0416
0,36	0,115	0,0052	0,0104	0,0156	0,0207	0,0259	0,0311	0,0363	0,0415	0,0467
0,38	0,121	0,0058	0,0116	0,0173	0,0231	0,0289	0,0347	0,0404	0,0462	0,0520
0,40	0,127	0,0064	0,0128	0,0192	0,0256	0,0320	0,0384	0,0448	0,0512	0,0576
0,42	0,134	0,0071	0,0141	0,0212	0,0282	0,0353	0,0423	0,0494	0,0564	0,0635
0,44	0,140	0,0077	0,0155	0,0232	0,0310	0,0387	0,0465	0,0542	0,0620	0,0697

0,46	0,48	0,50	0,52	0,54	0,56	0,58	0,60	0,62	0,64	0,66	0,68	0,70	0,72	0,74	0,76	0,78	0,80	0,82	0,84	0,86	0,88	0,90	0,92	0,94
0,0762	0,0829	0,0900	0,0973	0,1050	0,1129	0,1211	0,1296	0,1384	0,1475	0,1568	0,1665	0,1764	0,1866	0,1971	0,2079	0,2190	0,2304	0,2421	0,2540	0,2663	0,2788	0,2916	0,3047	0,3181
0,0677	0,0737	0,0800	0,0865	0,0933	0,1004	0,1076	0,1152	0,1230	0,1311	0,1394	0,1480	0,1568	0,1659	0,1752	0,1848	0,1947	0,2048	0,2152	0,2258	0,2367	0,2478	0,2592	0,2708	0,2828
0,0592	0,0645	0,0700	0,0757	0,0816	0,0878	0,0942	0,1008	0,1076	0,1147	0,1220	0,1295	0,1372	0,1452	0,1533	0,1617	0,1704	0,1792	0,1883	0,1976	0,2071	0,2168	0,2268	0,2370	0,2474
0,0508	0,0553	0,0600	0,0649	0,0700	0,0753	0,0807	0,0864	0,0923	0,0983	0,1045	0,1110	0,1176	0,1244	0,1314	0,1386	0,1460	0,1536	0,1614	0,1693	0,1775	0,1859	0,1944	0,2031	0,2121
0,0423	0,0461	0,0500	0,0541	0,0583	0,0627	0,0673	0,0720	0,0769	0,0819	0,0874	0,0925	0,0980	0,1037	0,1095	0,1155	0,1217	0,1280	0,1345	0,1411	0,1479	0,1549	0,1620	0,1693	0,1767
0,0339	0,0369	0,0400	0,0433	0,0467	0,0502	0,0538	0,0576	0,0615	0,0655	0,0697	0,0740	0,0784	0,0829	0,0876	0,0924	0,0973	0,1024	0,1076	0,1129	0,1183	0,1239	0,1296	0,1354	0,1414
0,0254	0,0276	0,0300	0,0324	0,0350	0,0376	0,0404	0,0432	0,0461	0,0492	0,0523	0,0555	0,0588	0,0622	0,0657	0,0693	0,0730	0,0768	0,0807	0,0847	0,0868	0,0929	0,0972	0,1016	0,1060
0,0169	0,0184	0,0200	0,0216	0,0233	0,0251	0,0269	0,0288	0,0308	0,0328	0,0348	0,0370	0,0392	0,0415	0,0438	0,0462	0,0487	0,0512	0,0538	0,0564	0,0592	0,0620	0,0648	0,0677	0,0707
0,0085	0,0092	0,0100	0,0108	0,0117	0,0125	0,0135	0,0144	0,0154	0,0164	0,0174	0,0185	0,0196	0,0207	0,0219	0,0231	0,0243	0,0256	0,0269	0,0282	0,0296	0,0310	0,0324	0,0339	0,0353
0,146	0,153	0,159	0,166	0,172	0,178	0,185	0,191	0,197	0,204	0,210	0,216	0,223	0,229	0,236	0,242	0,248	0,255	0,261	0,267	0,274	0,280	0,286	0,293	0,299

Circonférences.	Diamètres.	HAUTEURS								
		1	2	3	4	5	6	7	8	9
0,96	0,306	0,0369	0,0737	0,1106	0,1475	0,1843	0,2212	0,2580	0,2949	0,3318
0,98	0,312	0,0384	0,0768	0,1152	0,1537	0,1921	0,2305	0,2689	0,3073	0,3457
1,00	0,318	0,0400	0,0800	0,1200	0,1600	0,2000	0,2400	0,2800	0,3200	0,3600
1,02	0,325	0,0416	0,0832	0,1248	0,1665	0,2081	0,2497	0,2913	0,3329	0,3745
1,04	0,331	0,0433	0,0865	0,1298	0,1731	0,2163	0,2596	0,3028	0,3461	0,3894
1,06	0,337	0,0449	0,0899	0,1348	0,1798	0,2247	0,2697	0,3146	0,3596	0,4045
1,08	0,344	0,0467	0,0933	0,1400	0,1866	0,2233	0,2799	0,3266	0,3732	0,4199
1,10	0,350	0,0484	0,0968	0,1452	0,1936	0,2420	0,2904	0,3388	0,3872	0,4356
1,12	0,357	0,0502	0,1004	0,1505	0,2007	0,2509	0,3011	0,3512	0,4014	0,4516
1,14	0,363	0,0520	0,1040	0,1560	0,2079	0,2599	0,3119	0,3639	0,4159	0,4679
1,16	0,369	0,0538	0,1076	0,1615	0,2153	0,2691	0,3229	0,3768	0,4306	0,4844
1,18	0,376	0,0557	0,1114	0,1671	0,2228	0,2785	0,3342	0,3899	0,4456	0,5013
1,20	0,382	0,0576	0,1152	0,1728	0,2304	0,2880	0,3456	0,4032	0,4608	0,5184
1,22	0,388	0,0595	0,1191	0,1786	0,2381	0,2977	0,3572	0,4168	0,4763	0,5358
1,24	0,395	0,0615	0,1230	0,1845	0,2460	0,3075	0,3690	0,4305	0,4920	0,5535
1,26	0,401	0,0635	0,1270	0,1905	0,2540	0,3175	0,3810	0,4445	0,5080	0,5715
1,28	0,407	0,0655	0,1311	0,1966	0,2621	0,3277	0,3932	0,4588	0,5243	0,5898
1,30	0,414	0,0676	0,1352	0,2028	0,2704	0,3380	0,4056	0,4732	0,5408	0,6084

1,32	0,420	0,0697	0,1394	0,2091	0,2788	0,3485	0,4182	0,4879	0,5576	0,6273
1,34	0,427	0,0718	0,1436	0,2155	0,2873	0,3591	0,4309	0,5028	0,5746	0,6464
1,36	0,433	0,0740	0,1480	0,2220	0,2960	0,3700	0,4439	0,5179	0,5919	0,6659
1,38	0,439	0,0762	0,1524	0,2285	0,3047	0,3809	0,4571	0,5332	0,6094	0,6858
1,40	0,446	0,0784	0,1568	0,2352	0,3136	0,3920	0,4704	0,5488	0,6272	0,7056
1,42	0,452	0,0807	0,1613	0,2420	0,3226	0,4033	0,4839	0,5646	0,6452	0,7259
1,44	0,458	0,0829	0,1659	0,2488	0,3318	0,4147	0,4977	0,5806	0,6636	0,7465
1,46	0,465	0,0853	0,1705	0,2558	0,3411	0,4263	0,5116	0,5968	0,6821	0,7674
1,48	0,471	0,0876	0,1752	0,2628	0,3505	0,4381	0,5257	0,6133	0,7009	0,7885
1,50	0,477	0,0900	0,1800	0,2700	0,3600	0,4500	0,5400	0,6300	0,7200	0,8100
1,52	0,484	0,0924	0,1848	0,2772	0,3697	0,4621	0,5545	0,6469	0,7393	0,8317
1,54	0,490	0,0949	0,1897	0,2846	0,3795	0,4743	0,5692	0,6640	0,7589	0,8538
1,56	0,497	0,0973	0,1947	0,2920	0,3894	0,4867	0,5841	0,6814	0,7788	0,8761
1,58	0,503	0,0999	0,1997	0,2996	0,3994	0,4993	0,5991	0,6990	0,7988	0,8987
1,60	0,509	0,1024	0,2048	0,3072	0,4096	0,5120	0,6144	0,7168	0,8192	0,9216
1,62	0,516	0,1050	0,2100	0,3149	0,4199	0,5249	0,6299	0,7348	0,8399	0,9448
1,64	0,522	0,1076	0,2152	0,3228	0,4303	0,5379	0,6455	0,7531	0,8607	0,9683
1,66	0,528	0,1102	0,2204	0,3307	0,4409	0,5511	0,6613	0,7716	0,8818	0,9920
1,68	0,535	0,1129	0,2258	0,3387	0,4515	0,5645	0,6774	0,7903	0,9032	1,0161
1,70	0,541	0,1156	0,2312	0,3468	0,4624	0,5780	0,6936	0,8092	0,9428	1,0404
1,72	0,547	0,1183	0,2367	0,3550	0,4733	0,5917	0,7100	0,8284	0,9467	1,0650
1,74	0,554	0,1211	0,2422	0,3633	0,4844	0,6055	0,7266	0,8477	0,9688	1,0899
1,76	0,560	0,1239	0,2478	0,3717	-0,4956	0,6195	0,7434	0,8673	0,9912	1,1151
1,78	0,567	0,1267	0,2535	0,3802	0,5069	0,6337	0,7604	0,8872	1,0139	1,1406
1,80	0,573	0,1296	0,2592	0,3888	0,5184	0,6480	0,7776	0,9070	1,0368	1,1664

Circonférences.	Diamètres.	HAUTEURS								
		1	2	3	4	5	6	7	8	9
1,82	0,579	0,1325	0,2650	0,3975	0,5300	0,6625	0,7950	0,9275	1,0600	1,1925
1,84	0,586	0,1354	0,2708	0,4063	0,5417	0,6771	0,8125	0,9480	1,0834	1,2188
1,86	0,592	0,1384	0,2768	0,4152	0,5535	0,6919	0,8303	0,9687	1,1071	1,2455
1,88	0,598	0,1414	0,2828	0,4241	0,5655	0,7069	0,8483	0,9896	1,1310	1,2724
1,90	0,605	0,1444	0,2888	0,4332	0,5776	0,7220	0,8664	1,0108	1,1552	1,2996
1,92	0,611	0,1475	0,2949	0,4424	0,5898	0,7373	0,8847	1,0322	1,1796	1,3271
1,94	0,618	0,1505	0,3011	0,4516	0,6022	0,7527	0,9033	1,0538	1,2044	1,3549
1,96	0,624	0,1537	0,3073	0,4610	0,6147	0,7683	0,9220	1,0756	1,2293	1,3830
1,98	0,630	0,1568	0,3136	0,4704	0,6273	0,7841	0,9409	1,0977	1,2545	1,4113
2,00	0,636	0,1600	0,3200	0,4800	0,6400	0,8000	0,9600	1,1200	1,2800	1,4400
2,02	0,643	0,1632	0,3264	0,4896	0,6529	0,8161	0,9793	1,1425	1,3057	1,4689
2,04	0,649	0,1665	0,3329	0,4994	0,6659	0,8323	0,9988	1,1652	1,3317	1,4982
2,06	0,656	0,1697	0,3395	0,5092	0,6790	0,8487	1,0185	1,1882	1,3580	1,5277
2,08	0,662	0,1731	0,3461	0,5192	0,6922	0,8653	1,0383	1,2114	1,3844	1,5575
2,10	0,668	0,1764	0,3528	0,5292	0,7056	0,8820	1,0584	1,2348	1,4112	1,5876
2,12	0,675	0,1798	0,3596	0,5393	0,7191	0,8989	1,0787	1,2584	1,4382	1,6180
2,14	0,681	0,1832	0,3664	0,5496	0,7327	0,9159	1,0991	1,2823	1,4655	1,6487
2,16	0,688	0,1866	0,3732	0,5599	0,7465	0,9331	1,1197	1,3064	1,4930	1,6796

2,18	1,7109	1,5208	1,3307	1,1406	0,9505	0,7604	0,5703	0,3802	0,1901	0,694
2,20	1,7424	1,5488	1,3552	1,1616	0,9680	0,7744	0,5808	0,3872	0,1936	0,700
2,22	1,7742	1,5771	1,3800	1,1828	0,9857	0,7885	0,5914	0,3943	0,1971	0,707
2,24	1,8063	1,6056	1,4049	1,2042	1,0035	0,8028	0,6021	0,4014	0,2007	0,713
2,26	1,8387	1,6344	1,4301	1,2258	1,0215	0,8172	0,6129	0,4086	0,2043	0,719
2,28	1,8714	1,6635	1,4556	1,2476	1,0397	0,8317	0,6238	0,4159	0,2079	0,726
2,30	1,9044	1,6928	1,4812	1,2696	1,0580	0,8464	0,6348	0,4232	0,2116	0,732
2,32	1,9377	1,7224	1,5071	1,2918	1,0765	0,8612	0,6459	0,4306	0,2153	0,739
2,34	1,9712	1,7522	1,5332	1,3141	1,0951	0,8761	0,6571	0,4380	0,2190	0,745
2,36	2,0051	1,7823	1,5595	1,3367	1,1139	0,8911	0,6684	0,4456	0,2228	0,751
2,38	2,0392	1,8126	1,5860	1,3595	1,1329	0,9063	0,6797	0,4532	0,2266	0,758
2,40	2,0736	1,8432	1,6128	1,3824	1,1520	0,9216	0,6912	0,4608	0,2304	0,764
2,42	2,1083	1,8740	1,6398	1,4055	1,1713	0,9370	0,7028	0,4685	0,2343	0,770
2,44	2,1433	1,9052	1,6670	1,4289	1,1907	0,9526	0,7144	0,4763	0,2381	0,777
2,46	2,1786	1,9365	1,6944	1,4524	1,2103	0,9683	0,7262	0,4841	0,2421	0,783
2,48	2,2141	1,9681	1,7221	1,4761	1,2301	0,9841	0,7380	0,4920	0,2460	0,790
2,50	2,2500	2,0000	1,7500	1,5000	1,2500	1,0000	0,7500	0,5000	0,2500	0,796
2,52	2,2861	2,0321	1,7781	1,5241	1,2701	1,0161	0,7620	0,5080	0,2540	0,802
2,54	2,3226	2,0645	1,8064	1,5484	1,2903	1,0323	0,7742	0,5161	0,2581	0,809
2,56	2,3593	2,0972	1,8350	1,5729	1,3107	1,0486	0,7864	0,5243	0,2621	0,815
2,58	2,3963	2,1300	1,8638	1,5975	1,3313	1,0650	0,7988	0,5325	0,2663	0,821
2,60	2,4336	2,1632	1,8928	1,6224	1,3520	1,0816	0,8112	0,5408	0,2704	0,828
2,62	2,4712	2,1966	1,9220	1,6475	1,3729	1,0983	0,8237	0,5492	0,2746	0,834
2,64	2,5091	2,2303	1,9515	1,6727	1,3939	1,1151	0,8364	0,5576	0,2788	0,840
2,66	2,5472	2,2642	1,9812	1,6981	1,4151	1,1321	0,8491	0,5660	0,2830	0,847

Circonférences.	Diamètres.	HAUTEURS								
		1	2	3	4	5	6	7	8	9
2,68	0,853	0,2873	0,5746	0,8619	1,1492	1,4365	1,7238	2,0111	2,2984	2,5857
2,70	0,860	0,2916	0,5832	0,8748	1,1664	1,4580	1,7496	2,0412	2,3328	2,6244
2,72	0,866	0,2959	0,5919	0,8878	1,1837	1,4797	1,7756	2,0716	2,3675	2,6634
2,74	0,872	0,3003	0,6006	0,9009	1,2012	1,5015	1,8018	2,1021	2,4024	2,7027
2,76	0,879	0,3047	0,6094	0,9141	1,2188	1,5235	1,8382	2,1329	2,4376	2,7423
2,78	0,885	0,3091	0,6183	0,9274	1,2365	1,5457	1,8548	2,1640	2,4731	2,7822
2,80	0,891	0,3136	0,6272	0,9408	1,2544	1,5680	1,8816	2,1952	2,5088	2,8224
2,82	0,898	0,3181	0,6362	0,9543	1,2724	1,5905	1,9086	2,2267	2,5448	2,8629
2,84	0,904	0,3226	0,6452	0,9679	1,2905	1,6131	1,9357	2,2584	2,5810	2,9036
2,86	0,910	0,3272	0,6544	0,9816	1,3087	1,6359	1,9631	2,2903	2,6175	2,9447
2,88	0,917	0,3318	0,6636	0,9953	1,3271	1,6589	1,9907	2,3224	2,6542	2,9960
2,90	0,923	0,3364	0,6728	1,0092	1,3456	1,6820	2,0184	2,3548	2,6912	3,0276
2,92	0,930	0,3411	0,6821	1,0232	1,3642	1,7053	2,0463	2,3874	2,7284	3,0695
2,94	0,936	0,3457	0,6915	1,0372	1,3830	1,7287	2,0745	2,4202	2,7660	3,1117
2,96	0,942	0,3505	0,7009	1,0514	1,4019	1,7523	2,1028	2,4532	2,8037	3,1542
2,98	0,949	0,3552	0,7104	1,0656	1,4209	1,7761	2,1313	2,4865	2,8417	3,1969
3,00	0,955	0,3600	0,7200	1,0800	1,4400	1,8000	2,1600	2,5200	2,8800	3,2400
3,02	0,961	0,3648	0,7296	1,0944	1,4593	1,8241	2,1889	2,5537	2,9185	3,2833

3,04	0,968	0,3697	0,7393	1,1090	1,4787	1,8483	2,2180	2,5876	2,9573	3,3270
3,06	0,974	0,3745	0,7491	1,1236	1,4982	1,8727	2,2473	2,6218	2,9964	3,3709
3,08	0,980	0,3795	0,7589	1,1384	1,5178	1,8973	2,2767	2,6562	3,0356	3,4151
3,10	0,987	0,3844	0,7688	1,1532	1,5376	1,9220	2,3064	2,6908	3,0752	3,4596
3,12	0,993	0,3894	0,7788	1,1681	1,5575	1,9469	2,3363	2,7256	3,1150	3,5044
3,14	1,000	0,3944	0,7888	1,1832	1,5775	1,9719	2,3663	2,7607	3,1551	3,5495
3,16	1,006	0,3994	0,7988	1,1983	1,5977	1,9971	2,3965	2,7960	3,1954	3,5948
3,18	1,012	0,4045	0,8090	1,2135	1,6180	2,0225	2,4270	2,8315	3,2360	3,6405
3,20	1,018	0,4096	0,8192	1,2288	1,6384	2,0480	2,4576	2,8672	3,2768	3,6864
3,22	1,025	0,4147	0,8295	1,2442	1,6589	2,0737	2,4884	2,9032	3,3179	3,7326
3,24	1,031	0,4199	0,8398	1,2597	1,6797	2,0995	2,5194	2,9393	3,3592	3,7791
3,26	1,038	0,4251	0,8502	1,2753	1,7004	2,1255	2,5506	2,9757	3,4008	3,8259
3,28	1,044	0,4303	0,8607	1,2910	1,7213	2,1517	2,5820	3,0124	3,4427	3,8730
3,30	1,051	0,4356	0,8712	1,3068	1,7424	2,1780	2,6136	3,0492	3,4848	3,9204
3,32	1,057	0,4409	0,8818	1,3227	1,7636	2,2045	2,6454	3,0863	3,5272	3,9681
3,34	1,063	0,4462	0,8924	1,3387	1,7849	2,2311	2,6773	3,1236	3,5698	4,0160
3,36	1,070	0,4516	0,9032	1,3548	1,8063	2,2579	2,7095	3,1611	3,6127	4,0643
3,38	1,076	0,4570	0,9140	1,3709	1,8279	2,2849	2,7419	3,1988	3,6558	4,1128
3,40	1,082	0,4624	0,9248	1,3872	1,8496	2,3120	2,7744	3,2368	3,6992	4,1616
3,42	1,089	0,4679	0,9357	1,4036	1,8714	2,3393	2,8071	3,2750	3,7428	4,2107
3,44	1,095	0,4733	0,9467	1,4200	1,8934	2,3667	2,8401	3,3134	3,7868	4,2601
3,46	1,101	0,4789	0,9577	1,4366	1,9155	2,3943	2,8732	3,3520	3,8309	4,3098
3,48	1,108	0,4844	0,9688	1,4532	1,9377	2,4221	2,9065	3,3909	3,8753	4,3597
3,50	1,114	0,4900	0,9800	1,4700	1,9600	2,4500	2,9400	3,4300	3,9200	4,4100
3,52	1,120	0,4956	0,9912	1,4868	1,9825	2,4781	2,9737	3,4693	3,9649	4,4605

Circonférences.	Diamètres.	HAUTEURS								
		1	2	3	4	5	6	7	8	9
3,54	1,127	0,5043	1,0025	1,5038	2,0051	2,5063	3,0076	3,5088	4,0101	4,5114
3,56	1,133	0,5069	1,0139	1,5208	2,0278	2,5347	3,0417	3,5486	4,0556	4,5625
3,58	1,140	0,5127	1,0253	1,5380	2,0506	2,5633	3,0759	3,5886	4,1012	4,6139
3,60	1,146	0,5184	1,0368	1,5552	2,0736	2,5920	3,1104	3,6288	4,1472	4,6656
3,62	1,152	0,5242	1,0484	1,5725	2,0967	2,6209	3,1451	3,6692	4,1934	4,7176
3,64	1,159	0,5300	1,0600	1,5900	2,1199	2,6499	3,1799	3,7099	4,2399	4,7699
3,66	1,165	0,5358	1,0716	1,6075	2,1433	2,6791	3,2149	3,7508	4,2866	4,8224
3,68	1,171	0,5417	1,0834	1,6251	2,1668	2,7085	3,2502	3,7919	4,3336	4,8753
3,70	1,178	0,5476	1,0952	1,6428	2,1904	2,7380	3,2856	3,8332	4,3808	4,9284
3,72	1,184	0,5535	1,1071	1,6606	2,2141	2,7677	3,3212	3,8748	4,4283	4,9818
3,74	1,190	0,5595	1,1190	1,6785	2,2380	2,7975	3,3570	3,9165	4,4760	5,0355
3,76	1,197	0,5655	1,1310	1,6965	2,2620	2,8275	3,3930	3,9585	4,5240	5,0895
3,78	1,203	0,5715	1,1431	1,7146	2,2861	2,8577	3,4292	4,0008	4,5723	5,1438
3,80	1,210	0,5776	1,1552	1,7328	2,3104	2,8880	3,4656	4,0432	4,6208	5,1984
3,82	1,216	0,5837	1,1674	1,7511	2,3348	2,9185	3,5022	4,0859	4,6696	5,2533
3,84	1,222	0,5898	1,1796	1,7695	2,3593	2,9491	3,5389	4,1288	4,7186	5,3084
3,86	1,229	0,5960	1,1920	1,7880	2,3839	2,9799	3,5759	4,1719	4,7679	5,3639
3,88	1,235	0,6022	1,2044	1,8065	2,4087	3,0109	3,6131	4,2152	4,8174	5,4196

3,90	1,241	0,6084	1,2168	1,8252	2,4336	3,0420	3,6504	4,2588	4,8672	5,4756
3,92	1,248	0,6147	1,2293	1,8440	2,4586	3,0733	3,6879	4,3026	4,9172	5,5319
3,94	1,254	0,6209	1,2419	1,8628	2,4838	3,1047	3,7257	4,3466	4,9676	5,5885
3,96	1,261	0,6273	1,2545	1,8818	2,5091	3,1363	3,7636	4,3908	5,0181	5,6454
3,98	1,267	0,6336	1,2672	1,9008	2,5345	3,1681	3,8017	4,4353	5,0689	5,7025
4,00	1,273	0,6400	1,2800	1,9200	2,5600	3,2000	3,8400	4,4800	5,1200	5,7600
4,02	1,280	0,6464	1,2928	1,9392	2,5857	3,2321	3,8785	4,5249	5,1713	5,8177
4,04	1,286	0,6528	1,3057	1,9586	2,6115	3,2643	3,9172	4,5700	5,2229	5,8758
4,06	1,292	0,6593	1,3187	1,9780	2,6374	3,2967	3,9561	4,6154	5,2748	5,9341
4,08	1,299	0,6658	1,3317	1,9976	2,6634	3,3293	3,9951	4,6610	5,3268	5,9927
4,10	1,305	0,6724	1,3448	2,0172	2,6896	3,3620	4,0344	4,7068	5,3792	6,0516
4,12	1,312	0,6789	1,3580	2,0369	2,7159	3,3949	4,0739	4,7528	5,4318	6,1108
4,14	1,318	0,6855	1,3712	2,0568	2,7423	3,4279	4,1135	4,8001	5,4847	6,1709
4,16	1,324	0,6922	1,3844	2,0767	2,7689	3,4611	4,1533	4,8456	5,5378	6,2300
4,18	1,331	0,6988	1,3978	2,0967	2,7956	3,4945	4,1934	4,8962	5,5912	6,2991
4,20	1,337	0,7056	1,4112	2,1168	2,8224	3,5280	4,2336	4,9392	5,6448	6,3504
4,22	1,343	0,7123	1,4247	2,1370	2,8493	3,5617	4,2740	4,9860	5,6987	6,4110
4,24	1,350	0,7191	1,4382	2,1573	2,8764	3,5955	4,3146	5,0337	5,7528	6,4719
4,26	1,356	0,7259	1,4518	2,1777	2,9036	3,6295	4,3554	5,0843	5,8072	6,5331
4,28	1,362	0,7327	1,4655	2,2082	2,9309	3,6637	4,4164	5,1392	5,8619	6,6246
4,30	1,369	0,7396	1,4792	2,2188	2,9584	3,6980	4,4376	5,1772	5,9168	6,6564

TABLE V

POUR CUBER LES CÔNES D'UN MÈTRE DE HAUTEUR

Circonférences.	Diamètres.	Volumes.	Circonférences.	Diamètres.	Volumes.
0,02	0,007	0,000011	0,76	0,242	0,0153
04	0,013	0,000042	78	0,248	0,0161
06	0,019	0,000095	0,80	0,255	0,0170
08	0,026	0,000170	82	0,261	0,0178
0,10	0,032	0,000265	84	0,267	0,0187
12	0,038	0,000382	86	0,274	0,0197
14	0,045	0,000520	88	0,280	0,0205
16	0,051	0,000679	0,90	0,286	0,0214
18	0,057	0,000859	92	0,293	0,0225
0,20	0,064	0,001061	94	0,299	0,0235
22	0,070	0,0013	96	0,306	0,0245
24	0,076	0,0015	98	0,312	0,0255
26	0,083	0,0018	1,00	0,318	0,0265
28	0,089	0,0021	02	0,325	0,0276
0,30	0,095	0,0024	04	0,331	0,0287
32	0,102	0,0027	06	0,337	0,0298
34	0,108	0,0031	08	0,344	0,0310
36	0,115	0,0034	1,10	0,350	0,0321
38	0,121	0,0038	12	0,357	0,0333
0,40	0,127	0,0042	14	0,363	0,0345
42	0,134	0,0047	16	0,369	0,0357
44	0,140	0,0051	18	0,376	0,0369
46	0,146	0,0056	1,20	0,382	0,0382
48	0,153	0,0061	22	0,388	0,0394
0,50	0,159	0,0066	24	0,395	0,0408
52	0,166	0,0072	26	0,401	0,0421
54	0,172	0,0077	28	0,407	0,0435
56	0,178	0,0083	1,30	0,414	0,0448
58	0,185	0,0090	32	0,420	0,0462
0,60	0,191	0,0095	34	0,427	0,0476
62	0,197	0,0102	36	0,433	0,0491
64	0,204	0,0109	38	0,439	0,0505
66	0,210	0,0115	1,40	0,446	0,0520
68	0,216	0,0122	42	0,452	0,0535
0,70	0,223	0,0130	44	0,458	0,0550
72	0,229	0,0137	46	0,465	0,0565
74	0,236	0,0146	48	0,471	0,0581

Circonférences.	Diamètres.	Volumes.	Circonférences.	Diamètres.	Volumes.
1,50	0,477	0,0596	2,24	0,713	0,1331
52	0,484	0,0613	26	0,719	0,1355
54	0,490	0,0629	28	0,726	0,1379
56	0,497	0,0646	2,30	0,732	0,1403
58	0,503	0,0662	32	0,739	0,1428
1,60	0,509	0,0679	34	0,745	0,1452
62	0,516	0,0696	36	0,751	0,1477
64	0,522	0,0713	38	0,758	0,1503
66	0,528	0,0730	2,40	0,764	0,1528
68	0,535	0,0749	42	0,770	0,1553
1,70	0,541	0,0766	44	0,777	0,1579
72	0,547	0,0784	46	0,783	0,1605
74	0,554	0,0803	48	0,790	0,1631
76	0,560	0,0821	2,50	0,796	0,1658
78	0,567	0,0840	52	0,802	0,1684
1,80	0,573	0,0859	54	0,809	0,1711
82	0,579	0,0878	56	0,815	0,1738
84	0,586	0,0897	58	0,821	0,1766
86	0,592	0,0918	2,60	0,828	0,1793
88	0,598	0,0936	62	0,834	0,1821
1,90	0,605	0,0956	64	0,840	0,1849
92	0,611	0,0978	66	0,847	0,1877
94	0,618	0,0997	68	0,853	0,1906
96	0,624	0,1019	2,70	0,860	0,1934
98	0,630	0,1040	72	0,866	0,1962
2,00	0,636	0,1061	74	0,872	0,1991
02	0,643	0,1082	76	0,879	0,2021
04	0,649	0,1104	78	0,885	0,2050
06	0,656	0,1126	2,80	0,891	0,2080
08	0,662	0,1148	82	0,898	0,2109
2,10	0,668	0,1170	84	0,904	0,2139
12	0,675	0,1192	86	0,910	0,2169
14	0,681	0,1218	88	0,917	0,2200
16	0,688	0,1238	2,90	0,923	0,2231
18	0,694	0,1261	92	0,930	0,2262
2,20	0,700	0,1283	94	0,936	0,2293
22	0,707	0,1307	96	0,942	0,2324

Circonférences.	Diamètres.	Volumes.	Circonférences.	Diamètres.	Volumes.
2,98	0,949	0,2355	3,60	1,146	0,3438
3,00	0,955	0,2387	62	1,152	0,3476
02	0,961	0,2419	64	1,159	0,3514
04	0,968	0,2451	66	1,165	0,3553
06	0,974	0,2484	68	1,171	0,3592
08	0,980	0,2516	3,70	1,178	0,3631
3,10	0,987	0,2549	72	1,184	0,3671
12	0,993	0,2582	74	1,190	0,3710
14	1,000	0,2615	76	1,197	0,3750
16	1,006	0,2648	78	1,203	0,3790
18	1,012	0,2682	3,80	1,210	0,3830
3,20	1,018	0,2715	82	1,216	0,3871
22	1,025	0,2750	84	1,222	0,3911
24	1,031	0,2785	86	1,229	0,3952
26	1,038	0,2819	88	1,235	0,3993
28	1,044	0,2853	3,90	1,241	0,4035
3,30	1,051	0,2889	92	1,248	0,4076
32	1,057	0,2923	94	1,254	0,4117
34	1,063	0,2959	96	1,261	0,4160
36	1,070	0,2995	98	1,267	0,4202
38	1,076	0,3030	4,00	1,273	0,4244
3,40	1,082	0,3065	02	1,280	0,4287
42	1,089	0,3103	04	1,286	0,4329
44	1,095	0,3139	06	1,292	0,4372
46	1,101	0,3175	08	1,299	0,4416
48	1,108	0,3212	4,10	1,305	0,4459
3,50	1,114	0,3249	12	1,312	0,4502
52	1,120	0,3286	14	1,318	0,4546
54	1,127	0,3324	16	1,324	0,4590
56	1,133	0,3361	18	1,331	0,4634
58	1,140	0,3399	4,20	1,337	0,4679

TABLE VI

POUR CUBER LES PIÈCES ÉQUARRIES QUADRANGULAIRES
ET RECTANGULAIRES

Circonférences correspondantes			Côtés d'équarrissage.	Volumes pour un mètre de hauteur.
au 1/4	au 1/6	au 1,5		
0.02	0.024	0.025	0.005	0.000025
04	048	050	010	000100
06	072	075	015	000225
08	096	100	020	000400
0.10	120	125	025	000625
12	144	150	030	000900
14	168	175	035	001225
16	192	200	040	001600
18	216	225	045	002025
0.20	240	250	050	002500
22	264	275	055	003025
24	288	300	060	003600
26	312	325	065	004225
28	336	350	070	004900
0.30	360	375	075	005625
32	384	400	080	006400
34	408	425	085	007225
36	432	450	090	008100
38	456	475	095	009025
0.40	480	500	100	010000
42	504	525	105	011025
44	528	550	110	012100
46	552	575	115	013225
48	576	600	120	014400
0.50	600	625	125	015625
52	624	650	130	016900
54	648	675	135	018225
56	672	700	140	019600
58	696	725	145	021025
0.60	720	750	150	022500
62	744	775	155	024025
64	768	800	160	025600
66	792	825	165	027225
68	816	850	170	028900
0.70	840	875	175	030625
72	864	900	180	032400

Circonférences correspondantes			Côtés d'équarrissage.	Volume pour un mètre de hauteur.
au 1/4	au 1/6	au 1/5		
0.74	0.888	0.925	0.185	0.034225
76	912	950	190	036100
78	936	975	195	038025
0.80	960	1.000	200	040000
82	984	025	205	042025
84	1.008	050	210	044100
86	032	075	215	046225
88	056	100	220	048400
0.90	080	125	225	050625
92	104	150	230	052900
94	128	175	235	055225
96	158	200	240	057600
98	176	225	245	060025
1.00	200	250	250	062500
02	224	275	255	065025
04	248	300	260	067600
06	272	325	265	070225
08	296	350	270	072900
1.10	320	375	275	075625
12	344	400	280	078400
14	368	425	285	081225
16	392	450	290	084100
18	416	475	295	087025
1.20	440	500	300	090000
22	464	525	305	093025
24	488	550	310	096100
26	512	575	315	099225
28	536	600	320	102400
1.30	560	625	325	105625
32	584	650	330	108900
34	608	675	335	112225
36	632	700	340	115600
38	656	725	345	119025
1.40	680	750	350	122500
42	704	775	355	126025
44	728	800	360	129600

Circonférences correspondantes			Côtés d'équarrissage.	Volume pour un mètre de hauteur.
au 1/4	au 1/6	au 1/5		
1.46	1.752	1.825	0.365	0.133225
48	776	850	370	136900
1.50	800	875	375	140625
52	824	900	380	144400
54	848	925	385	148225
56	872	950	390	152100
58	896	975	395	156025
1.60	920	2.000	400	160000
62	944	025	405	164025
64	968	050	410	168100
66	992	075	415	172225
68	2.016	100	420	176400
1.70	040	125	425	180625
72	064	150	430	184900
74	088	175	435	189225
76	112	200	440	193600
78	136	225	445	198025
1.80	160	250	450	202500
82	184	275	455	207025
84	208	300	460	211600
86	232	325	465	216225
88	256	350	470	220900
1.90	280	375	475	225625
92	304	400	480	230400
94	328	425	485	235225
96	352	450	490	240100
98	376	475	495	245025
2.00	400	500	500	250000
02	424	525	505	255025
04	448	550	510	260100
06	472	575	515	265225
08	496	600	520	270400
2.10	520	625	525	275625
12	544	650	530	280900
14	568	675	535	286225
16	592	700	540	291600

Circonférences correspondantes			Côtés d'équarrissage.	Volume pour un mètre de hauteur.
au 1/4	au 1/6	au 1/5		
2.18	2.616	2.725	0.545	0.297025
2.20	640	750	550	302500
22	664	775	555	308025
24	688	800	560	313600
26	712	825	565	319225
28	736	850	570	324900
2.30	760	875	575	330625
32	784	900	580	336400
34	808	925	585	342225
36	832	950	590	348100
38	856	975	595	354025
2.40	880	3.000	600	360000
42	904	025	605	366025
44	928	050	610	372100
46	952	075	615	278025
48	976	100	620	384400
2.50	3.000	125	625	390625
52	024	150	630	396900
54	048	175	635	403225
56	072	200	640	409600
58	096	225	645	416025
2.60	120	250	650	422500
62	144	275	655	429025
64	168	300	660	435600
66	192	325	665	442225
68	216	350	670	448900
2.70	240	375	675	455625
72	264	400	680	462400
74	288	425	685	469225
76	312	450	690	476100
78	336	475	695	483025
2.80	360	500	700	490000
82	384	525	705	497025
84	408	550	710	504100
86	432	575	715	511225
88	456	600	720	518400

Circonférences correspondantes			Côtés d'équarrissage.	Volume pour un mètre de hauteur.
au 1/4	au 1/6	au 1/5		
2.90	3.480	3.625	0.725	0.525625
92	504	650	730	532900
94	528	675	735	540225
96	552	700	740	547600
98	576	725	745	555025
3.00	600	750	750	562500
02	624	775	755	570025
04	648	800	760	577600
06	672	825	765	585225
08	696	850	770	592900
3.10	720	875	775	600625
12	744	900	780	608400
14	768	925	785	616225
16	792	950	790	624100
18	816	975	795	632025
3.20	840	4.000	800	640000
22	864	025	805	648625
24	888	050	810	656100
26	912	075	815	664225
28	936	100	820	672400
3.30	960	125	825	680625
32	984	150	830	688900
34	4.008	175	835	697225
36	032	200	840	705600
38	056	225	845	714025
3.40	080	250	850	722500
42	104	275	855	731025
44	128	300	860	739600
46	152	325	865	748225
48	176	350	870	756900
3.50	200	375	875	765625
52	224	400	880	774400
54	248	425	885	783225
56	272	450	890	792100
58	296	475	895	801025
3.60	320	500	900	810000

Circonférences correspondantes			Côtés d'équarris-sage.	Volume pour un mètre de hauteur.
au 1/4	au 1/6	au 1/5		
3.62	4.344	4.525	0.905	0.819025
64	368	550	910	828100
66	392	575	915	837225
68	416	600	920	846400
3.70	440	625	925	855625
72	464	650	930	864900
74	488	675	935	874225
76	512	700	940	883600
78	536	725	945	893025
3.80	560	750	950	902500
82	584	775	955	912025
84	608	800	960	921600
86	632	825	965	931225
88	656	850	970	940900
3.90	680	875	975	950625
92	704	900	980	960400
94	728	925	985	970225
96	752	950	990	980100
98	776	975	995	990025
4.00	800	5.000	1.000	1.000000

TABLE VII

POUR CONVERTIR LES MÈTRES CUBES EN GRUME EN
MÈTRES CUBES AU 1/4, AU 1/6, AU 1/5 ET
RÉCIPROQUEMENT;

Et aussi, pour obtenir le prix d'une quelconque de ces unités en
fonction de l'une d'elles dont la valeur est déterminée.

Pour passer des mètres cubes en grume aux mètres cubes au 1/4, au 1/6, au 1/5.

Mètres cubes en grume.	Mètres cubes au 1/4.	Mètres cubes au 1/6.	Mètres cubes au 1/5.
1	0,785	0,545	0,503
2	1,575	1,091	1,005
3	2,356	1,636	1,508
4	3,142	2,182	2,010
5	3,927	2,727	2,513
6	4,712	3,272	3,016
7	5,498	3,818	3,518
8	6,283	4,363	4,021
9	7,068	4,909	4,523

Pour passer des mètres cubes au 1/4 sans déduction aux mètres cubes en grume au 1/6, au 1/5.

Mètres cubes au 1/4.	Mètres cubes en grume.	Mètres cubes au 1/6.	Mètres cubes au 1/5.
1	1,273	0,694	0,640
2	2,546	1,389	1,280
3	3,819	2,083	1,920
4	5,193	2,778	2,560
5	6,366	3,472	3,200
6	7,638	4,166	3,840
7	8,911	4,861	4,480
8	10,386	5,555	5,120
9	11,659	6,250	5,760

Pour passer des mètres cubes au 1/6 déduit, aux mètres cubes en grume; au 1/4 et au 1/5.

Mètres cubes au 1/6 déduit.	Mètres cubes en grume.	Mètres cubes au 1/4.	Mètres cubes au 1/5.
1	1,833	1,440	0,922
2	3,666	2,880	1,843
3	5,499	4,320	2,765
4	7,332	5,760	3,686
5	9,165	7,200	4,608
6	10,998	8,640	5,530
7	12,831	10,080	6,451
8	14,664	11,520	7,373
9	16,497	12,960	8,294

Pour passer des mètres cubes au 1/5 déduit, aux mètres cubes en grume, au 1/4 et au 1/6.

Mètres cubes au 1/5 déduit.	Mètres cubes en grume.	Mètres cubes au 1/4.	Mètres cubes au 1/6.
1	1,989	1,562	1,085
2	3,978	3,124	2,170
3	5,967	4,686	3,255
4	7,956	6,248	4,340
5	9,945	7,810	5,425
6	11,932	9,372	6,510
7	13,923	10,934	7,595
8	15,912	12,496	8,680
9	17,901	14,058	9,765

TABLE VIII

POUR CONVERTIR LES MESURES NOUVELLES EN
ANCIENNES, ET RÉCIPROQUEMENT

TOISES en mètres.		PIEDS en mètres.		POUCES en mètres.		MÈTRES en toises.		MÈTRES en toises, pieds, pouces et lignes.				
Toises	Mètres	Pieds	Mètres	Pouces	Mètres	Mètres	Toises	Mètres	Toises	Pieds	Pouces	Lignes
1	1,949037	1	0,324839	1	0,027070	1	0,513074	1	0	3	0	11,296
2	3,898073	2	0,649679	2	0,054140	2	1,026148	2	1	0	1	10,592
3	5,847110	3	0,974518	3	0,081210	3	1,539222	3	1	3	2	9,888
4	7,796146	4	1,299358	4	0,108280	4	2,052296	4	2	0	3	9,184
5	9,745183	5	1,624197	5	0,135350	5	2,565370	5	2	3	4	8,480
6	11,694220	6	1,949037	6	0,162420	6	3,078444	6	3	0	5	7,776
7	13,643256	7	2,273876	7	0,189490	7	3,591518	7	3	3	6	7,072
8	15,592293	8	2,598715	8	0,216560	8	4,104592	8	4	0	7	6,367
9	17,541329	9	2,923555	9	0,243630	9	4,617666	9	4	3	8	5,663

DÉCIMÈTRES en pieds, pouces et lignes.				CENTIMÈTRES en pouces et lignes.			DÉCIMÈTRES carrés en pieds et pouces carrés.			DÉCIMÈTRES cubes en pieds cubes.	
Décimètres	Pieds.	Pouces	Lignes,	Centimètres.	Pouces	Lignes.	Décimètres carrés	Pieds carrés	Pouces carrés.	Décimètres cubes.	Pieds cubes.
1	0	3	8,330	1	0	4,433	1	0	13,647	1	0,029
2	0	7	4,659	2	0	8,866	2	0	27,294	2	0,058
3	0	11	0,989	3	1	1,299	3	0	40,941	3	0,088
4	1	2	9,318	4	1	5,732	4	0	54,488	4	0,117
5	1	6	5,648	5	1	10,165	5	0	68,134	5	0,146
6	1	10	1,978	6	2	2,598	6	0	81,781	6	0,175
7	2	1	10,307	7	2	7,031	7	0	95,428	7	0,204
8	2	5	6,637	8	2	11,464	8	0	109,075	8	0,223
9	2	9	2,966	9	3	3,897	9	0	122,722	9	0,263

CONVERSION des toisés carrées et cubes en mètres carrés et cubes.

Toises carrées.	Mètres carrés.	Toises cubes.	Mètres cubes.
1	3,798744	1	7,403890
2	7,597487	2	14,807781
3	11,396230	3	22,211670
4	15,194970	4	29,615560
5	18,993720	5	37,019450
6	22,792460	6	44,423340
7	26,591200	7	51,827830
8	30,389950	8	59,231120
9	34,188690	9	66,635010

CONVERSION des mètres carrés et cubes en toises carrées et cubes.

Mètres carrés.	Toises carrées.	Mètres cubes.	Toises cubes.
1	0,236240	1	0,13506
2	0,526490	2	0,27013
3	0,789730	3	0,40519
4	1,052980	4	0,54026
5	1,316220	5	0,67532
6	1,579470	6	0,81038
7	1,842710	7	0,94545
8	2,105960	8	1,08051
9	2,369200	9	1,21558

CONVERSION des pieds carrés et cubes en mètres carrés et cubes.

Pieds carrés.	Mètres carrés.	Pieds cubes.	Mètres cubes.
1	0,10552	1	0,034277
2	0,21104	2	0,068555
3	0,31656	3	0,102832
4	0,42208	4	0,137109
5	0,52760	5	0,171386
6	0,63312	6	0,205664
7	0,73864	7	0,239941
8	0,84447	8	0,274218
9	0,94979	9	0,308495

CONVERSION des mètres carrés et cubes en pieds carrés et cubes.

Mètres carrés.	Pieds carrés.	Mètres cubes.	Pieds cubes.
1	9,447	1	29,174
2	18,054	2	58,348
3	28,430	3	87,522
4	37,907	4	116,695
5	47,384	5	145,869
6	56,861	6	175,043
7	66,338	7	204,217
8	75,815	8	233,391
9	85,291	9	262,565

TABLE DES MATIÈRES

PREMIÈRE PARTIE

CHAPITRE PREMIER

Instruments destinés à la mesure des arbres.

CHAPITRE II

Divers procédés de cubage usités.

CHAPITRE III

Détermination des volumes réels.

CHAPITRE IV

Unités de volume et leurs rapports.

CHAPITRE V

Bois de feu ou de chauffage.

CHAPITRE VI

Bois d'œuvre.

DEUXIÈME PARTIE

CHAPITRE PREMIER

Estimation en matière.

CHAPITRE II

Estimation en argent.

CHAPITRE III

Des différents modes d'adjudication des produits

EXPLICATION DES TABLES DE CUBAGE

TABLE ALPHABÉTIQUE

L'ART DE PLANTER

TRAITÉ PRATIQUE
SUR L'ART
D'ÉLEVER EN PÉPINIÈRE ET DE PLANTER A DEMEURE
TOUS LES ARBRES FORESTIERS
les Arbres fruitiers et d'agrément

PRÉCÉDÉ D'UNE INTRODUCTION SPÉCIALE POUR LA FRANCE

PAR LE BARON H. E. DE MANTEUFFEL
Grand maître des forêts de Saxe

Traduit sur la troisième édition allemande par I. P. STUMPER
Accessit forestier à Luxembourg

REVU PAR L. GOUËT
Sous-Inspecteur des forêts, Directeur de
l'Établissement d'arboriculture pratique de
Vilmorin aux Barres.

*A l'usage des Ingénieurs, Pépiniéristes,
Horticulteurs, Propriétaires de parcs
et de bois, Agents forestiers, Régisseurs,
Administrateurs de forêts, Gardes forestiers, Gardes particuliers, etc.*

Un vol. in-18 orné de 46 vignettes

Prix : relié, 2 francs.

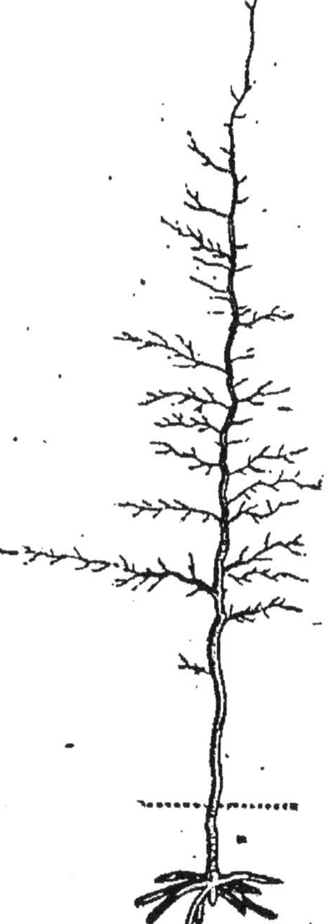

A une époque où la culture des plantes
ligneuses est, en France, l'objet d'une
faveur de plus en plus marquée, nous
croyons rendre un service véritable en
publiant la traduction de la troisième
édition du remarquable ouvrage allemand
du baron de Manteuffel, sur l'art des
plantations.

Qu'il s'agisse de planter par trous ou
par buttes, par buttes surtout, d'étudier
l'élève des plants en général, de créer
des pépinières fixes ou volantes, de pré-
parer le terrain, de choisir la saison la
plus favorable, etc., etc., tout ce qui
tient, en un mot, *à l'art de planter* les
Arbres forestiers, fruitiers et d'agrément
est indiqué dans cet ouvrage en un langage
simple, clair, précis et accessible à tous.

LA
CULTURE
ÉCONOMIQUE

PAR

l'emploi raisonné

DES

INSTRUMENTS, MACHINES, OUTILS, APPAREILS, USTENSILES

USITÉS DANS LA PETITE ET LA GRANDE CULTURE

Leur description, et Étude des ressources qu'ils offrent aux agriculteurs au point de vue de la baisse des prix de revient.

À l'usage des Agriculteurs, Ingénieurs, Mécaniciens, etc.

Par ED. VIANNE

Directeur du *Journal d'Agriculture progressive.*

Un beau vol. in-18 de 350 pages, illustré de 204 Figures. Relié : 2 fr.

Les discussions soulevées par la crise agricole ont fait reconnaître unanimement, que la fortune de l'agriculture est dans la *production économique*, qui seule permettra l'écoulement à l'étranger de la surabondance de notre production.

Mais pour produire à bon marché, il faut : faire rapporter plus sans augmenter

la dépense, ou diminuer les frais de culture tout en l'améliorant. Le premier moyen, qui consiste à faire des avances à la terre, n'est pas toujours praticable et de plus ne réussit pas toujours, tandis que le second est à la disposition de tous. En effet, il suffit, pour le pratiquer avec fruit, d'améliorer la culture et se diminuer les frais par emploi d'instruments bien appropriés (*ce sont souvent les plus économiques*) en remplaçant des bras qui tendent à devenir de plus en plus rares.

C'est pour venir en aide aux agriculteurs que nous avons publié un ouvrage dans lequel ils trouveront, non-seulement la description des meilleurs outils, machines et instruments de culture, mais encore des indications complètes sur les avantages que leur emploi présente et l'économie qui en résulte.

LES DESTRUCTEURS

DES

ARBRES D'ALIGNEMENT

Mœurs et ravages des insectes les plus nuisibles

MOYENS PRATIQUES

Pour les détruire

ET

Pour restaurer les plantations

A L'USAGE

des Ingénieurs
des ponts et chaussées
des Agents voyers, des Propriétaires
de parcs, Régisseurs
Agents forestiers
Pépiniéristes, etc., etc.

PAR LE

Dr EUGÈNE ROBERT

Inspecteur des plantations
de la ville de Paris

TROISIÈME ÉDITION

Revue et considérablement augmentée

Ouvrage publié sous les auspices
de S. Exc. M. le Ministre de l'Agriculture

*Illustré de 15 gravures sur bois
et de 4 planches sur acier
représentant 29 Figures*

UN BEAU VOLUME IN-18 RELIÉ

Prix : 2 fr.

Ce petit livre est le fruit d'une longue pratique expérimentale fortement encouragée par la Société impériale d'agriculture et sanctionnée depuis par l'Académie des sciences, surtout pour l'application d'un procédé opératoire et économique propre à arrêter les ravages des insectes et à restaurer les arbres.

LES CODES

DE LA

LÉGISLATION FORESTIÈRE

CONTENANT

Le Code forestier, l'Ordonnance règlementaire du 1er août 1827,
le Code du reboisement des montagnes, le Code des dunes,
le Code de la chasse, le Code de la louveterie et
le Code de la pêche fluviale

Annotés des lois et règlements qui les ont modifiés ou complétés,
avec une nouvelle corrélation des articles entre eux.

QUATRIÈME ÉDITION

collationnée sur les textes officiels et
publiée avec l'autorisation de M. le Directeur général des Forêts

PAR CHARLES JACQUOT

Chef du contentieux civil à l'Administration des forêts

UN VOL. IN-18 DE 284 PAGES, RELIÉ. — PRIX : 1 FR. 50 c.

Ouvrage adopté pour l'enseignement à l'École
impériale forestière.

L'ALIÉNATION

DES

FORÊTS DE L'ÉTAT

DEVANT

L'OPINION PUBLIQUE

Recueil complet des documents officiels et des articles publiés sur cette question
dans les journaux de Paris, de la province et do l'étranger.

Un fort volume in-8°. Prix . . . . 6 FR.

www.ingramcontent.com/pod-product-compliance
Ingram Content Group UK Ltd.
Pitfield, Milton Keynes, MK11 3LW, UK
UKHW022220120720
13694UKWH00002B/628